Das Planetarium

Für Mary – C. W.

Für Kamini, Vikas und Sachin – R. P.

Titel der Originalausgabe: *Planetarium. Welcome to the Museum*

in der Penguin Random House Verlagsgruppe GmbH
Neumarkter Straße 28 · 81673 München
4. Auflage 2024

Übersetzung: Ute Löwenberg
Lektorat: Katharina Knüppel
Projektmanagement: Constanze Holler
Herstellung: Susanne Hermann
Satz: Wolfram Söll, designwerk
Druck und Bindung: Toppan Leefung Limited, DongGuan, China

Wir reduzieren und vermeiden die Emissionen, die an unseren Produkten entstehen, fortlaufend und gleichen die verbliebenen Emissionen über ein Klimaschutzprojekt aus.
Weitere Informationen zu dem Projekt:
www.ClimatePartner.com/14044-1912-1001

FSC www.fsc.org MIX Papier | Fördert gute Waldnutzung FSC® C104723

Penguin Random House Verlagsgruppe FSC® N001967

ISBN 978-3-7913-7352-2
www.prestel-junior.de

Eintritt frei

Das Planetarium

Illustrationen von CHRIS WORMELL

Text von RAMAN PRINJA

PRESTEL

München · London · New York

Vorwort

100 Kilometer oberhalb unseres Planeten beginnt das Weltall: ein luft- und geräuschloser Raum, der sich viel weiter erstreckt, als wir uns vorstellen können. Die Menschheit ist seit jeher fasziniert von dieser Weite und ihren ungelösten Geheimnissen.

Blicken wir über den Horizont unseres blaugrünen Planeten hinaus, fragen wir uns: Was ist da draußen? Seit Jahrtausenden versuchen die Menschen, sich ein Bild der Sterne und Planeten um uns herum zu machen. Im letzten Jahrhundert gab es enorme Fortschritte in der Erforschung des Alls: Weltraumsonden haben sämtliche Planeten unseres Sonnensystems erkundet. Wir haben herausgefunden, dass das Universum in einem Urknall entstand. Und wir haben Menschen zum Mond geschickt! Mit jedem Jahrzehnt wächst unser Wissen – dank technischem Fortschritt und unstillbarer Neugier.

Im Moment befinden wir uns in einer unglaublich spannenden Phase: Im nächsten Jahrzehnt werden die Entsendung neuer Raumsonden und der Bau riesiger Teleskope ermöglichen, weiter als je zuvor ins Weltall zu spähen. Jede neue Beobachtung kann bei der Beantwortung der großen Fragen helfen: Sind wir allein im Universum? Gibt es weitere Universen neben unserem? Wie sieht das Innere eines Schwarzen Lochs aus? Die Astronomen der Zukunft werden mit ihren Entdeckungen ohne jeden Zweifel unsere Wissensgrenzen verschieben.

Eine großartige Entdeckungsreise liegt vor uns – und sie beginnt im Planetarium! Blättere durch die Seiten dieses Buchs und begib dich auf eine einzigartige Weltraumfahrt.

Professor Raman Prinja
University College London

Eingang

Willkommen im Planetarium

Dieses Buch führt dich auf eine intergalaktische Reise weit über die Grenzen der Erde hinaus – durch das Sonnensystem, die Milchstraße, zu den entlegensten Galaxien. Auf deinem Rundgang durch das Planetarium gelangst du an Orte, die noch kein Mensch je bereist hat. Du siehst Ausstellungsstücke, die für jedes andere Museum viel zu groß wären.

Beim Blättern durch die folgenden Seiten entfaltet sich das Universum vor deinen Augen. Von Saal zu Saal entfernst du dich weiter von der Erde, bis du mit dem letzten Kapitel ans Ende des Universums gelangst. Betrachte die Ausstellungsstücke genau – sie wurden sorgsam über die Grenzen von Raum und Zeit zusammengetragen. Es würde viele Menschenleben lang dauern, um sie von der Erde aus zu erreichen.

Dein Rundgang beginnt im einzigen historischen Saal der Sammlung: Hier wird die Geschichte der Astronomie erzählt, und du kannst Exponate bestaunen, die auch in Museen rund um die Welt zu finden sind. Aber spazierst du weiter zwischen Asteroiden und Planeten, siehst du Ausstellungsstücke, die viel zu groß wären, um sie in einem Gebäude unterzubringen. Du verfolgst die staubige Geburt der Sterne, beobachtest ihr explosives Ende und kommst dem Zentrum eines Schwarzen Lochs gefährlich nahe.

Gelangst du zu den letzten Sälen, brauchst du Fantasie und einen wachen Verstand: Hier erwarten dich die größten existierenden Strukturen. Größer als Sterne, größer als eine Galaxie, erstrecken sich diese Supergalaxienhaufen wie ein riesiges Spinnennetz durchs All und helfen uns, den Beginn des Universums zu verstehen.

Das Planetarium ist das einzige Museum der Welt, das Sterne, entfernte Galaxien und geheimnisvolle Dunkle Materie ausstellt. Tritt ein und entdecke die unfassbaren Wunder des Universums!

Laniakea
Universum
Sonnensystem
Erde

Virgo-Superhaufen
Lokale Gruppe
Milchstraße

Unser Platz im Universum

Das Universum ist unvorstellbar groß. Und es umfasst alles: vom winzigen Atom bis zur riesigen Galaxie. Trotz der unglaublichen Menge an Materie ist es größtenteils leer – aufgrund seiner enormen Ausdehnung.

Um uns die Ausmaße des Universums vorstellen zu können, konzentrieren wir uns zunächst auf die Erde und versuchen, ihre „kosmische Adresse" zu ermitteln. Die üblichen Angaben von Hausnummer, Straße, Ort und Land ersetzen wir dabei durch immer größere Strukturen im All.

Ausgangspunkt ist unser Planet Erde – einer von mehreren innerhalb unseres Sonnensystems. Der Stern in dessen Zentrum, die Sonne, ist einer von rund 200 Milliarden Sternen der Galaxie Milchstraße. Unsere Galaxie wiederum ist eine von rund 50 in einem Galaxienhaufen, den man „Lokale Gruppe" nennt. Gemeinsam mit anderen Galaxienhaufen bildet er den Virgo-Superhaufen. Dieser schließlich ist nur ein Teil einer weiten Region im All, die Laniakea genannt wird und rund 100 Millionen Milliarden Sterne beheimatet. Unsere kosmische Adresse lautet also: Erde, Sonnensystem, Milchstraße, Lokale Gruppe, Virgo-Superhaufen, Laniakea.

Aber auch wenn wir jetzt unseren Platz im Universum kennen, wissen wir noch wenig von seiner Größe. Um die gewaltigen Entfernungen zu messen, reicht die übliche Maßeinheit Kilometer nicht aus. Stattdessen rechnen Astronomen mit der Einheit Lichtjahr – die Entfernung, die Licht in einem Jahr zurücklegt. Mit einer Geschwindigkeit von 300 000 km pro Sekunde legt Licht in einem einzigen Jahr 9,5 Billionen Kilometer zurück. Wärst du so schnell, könntest du die Erde in einer Sekunde 7,5 Mal umrunden!

Jetzt stell dir vor, du würdest von unserer kosmischen Adresse aus in die nächste Straße oder Stadt reisen: Die Entfernung zwischen unserer Sonne und dem Planeten Neptun beträgt 0,0005 Lichtjahre. Die Milchstraße hat eine Ausdehnung von 100 000 Lichtjahren. Das Universum schließlich mit seinen rund 10 Billionen Galaxien erstreckt sich über unvorstellbare 93 Milliarden Lichtjahre.

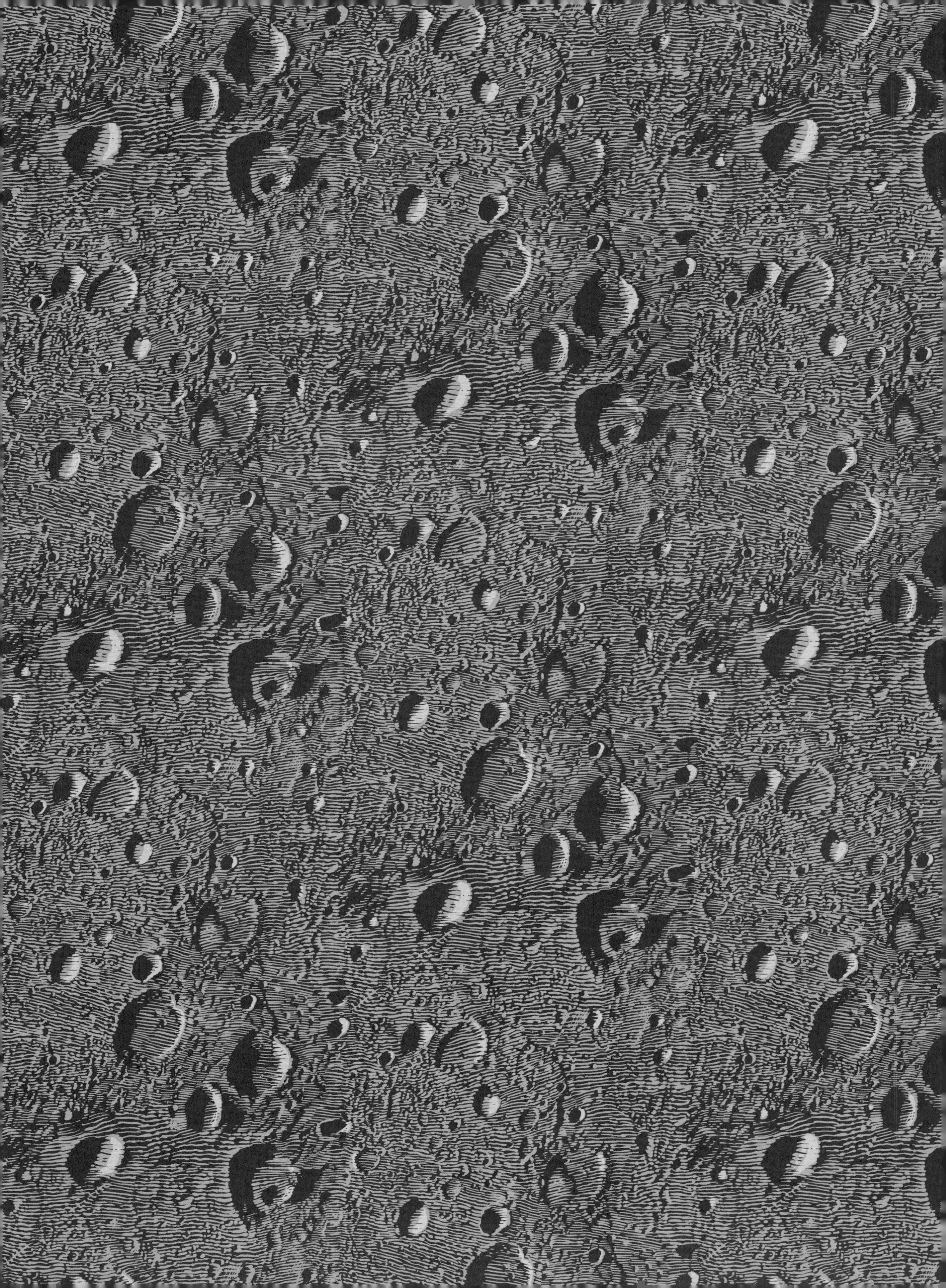

Saal 1

Blick in den Weltraum

Licht und Strahlung
Teleskope
Moderne Sternwarten
Weltraumteleskope

Licht und Strahlung

Sterne und Galaxien sind zu weit entfernt, um sie zu besuchen. Was wir über sie wissen, haben wir durch die Beobachtung der Energie oder Strahlung herausgefunden, die sie aussenden.

Licht ist die einzige Strahlung, die wir mit bloßem Auge sehen können. Andere, wie Gamma- und Röntgenstrahlen, ultraviolette und infrarote Strahlung, Mikrowellen und Radiowellen, sind für unsere Augen unsichtbar. Sie bewegen sich als Wellen unterschiedlicher Länge durch den Raum, die das elektromagnetische Spektrum bilden. Dieses wird meist als Linie dargestellt: mit den kürzesten Wellenlängen (der Entfernung zwischen einem Wellenkamm und dem nächsten) auf der einen Seite, den längsten auf der anderen. Die Größe der Wellenlänge reicht vom Bruchteil eines Atoms (Gammastrahlen) bis zu der eines Gebäudes (Radiowellen).

Jede Wellenart wird von anderen Körpern und Ereignissen im Weltraum ausgestrahlt, sodass ihre Untersuchung Erkenntnisse über das Universum ermöglicht: Gammastrahlen werden bei gewaltigen Explosionen im Weltraum freigesetzt (z.B. beim Zusammenstoß zweier Sterne), Röntgenstrahlen bei der Explosion von Sternen. Einige der kältesten Gebilde im Weltraum, die staubigen Wolken, in denen neue Sterne entstehen, senden infrarotes Licht aus.

Sogar das für uns sichtbare Licht des Spektrums ist aus verschiedenen Teilen zusammengesetzt. Die einzelnen Bestandteile sehen wir, wenn sich Sonnenlicht im Regen bricht und ein Regenbogen entsteht. Die Farben Rot, Orange, Gelb, Grün, Blau, Indigo und Violett zeigen sich auch, wenn weißes Licht durch ein Glasprisma fällt. Astronomen benutzen diese Technik, um das sichtbare Licht von Sternen in seine Bestandteile zu brechen und so die chemische Zusammensetzung, Geschwindigkeit und Temperatur dieser brennenden Gasbälle zu untersuchen.

Bildlegende

1: **Das elektromagnetische Spektrum**
a) Gammastrahlen
b) Röntgenstrahlen
c) Ultraviolette Strahlung
d) Sichtbares Licht
e) Infrarote Strahlung
f) Mikrowellen
g) Radiowellen
Die Strahlentypen unterscheiden sich durch ihre Wellenlänge (Entfernung zwischen den Wellenkämmen) und ihre Frequenz (Anzahl der Wellen in einem bestimmten Zeitraum). Gammastrahlen haben die höchsten Frequenzen und kürzesten Wellenlängen, Radiowellen die niedrigsten Frequenzen und größten Wellenlängen.

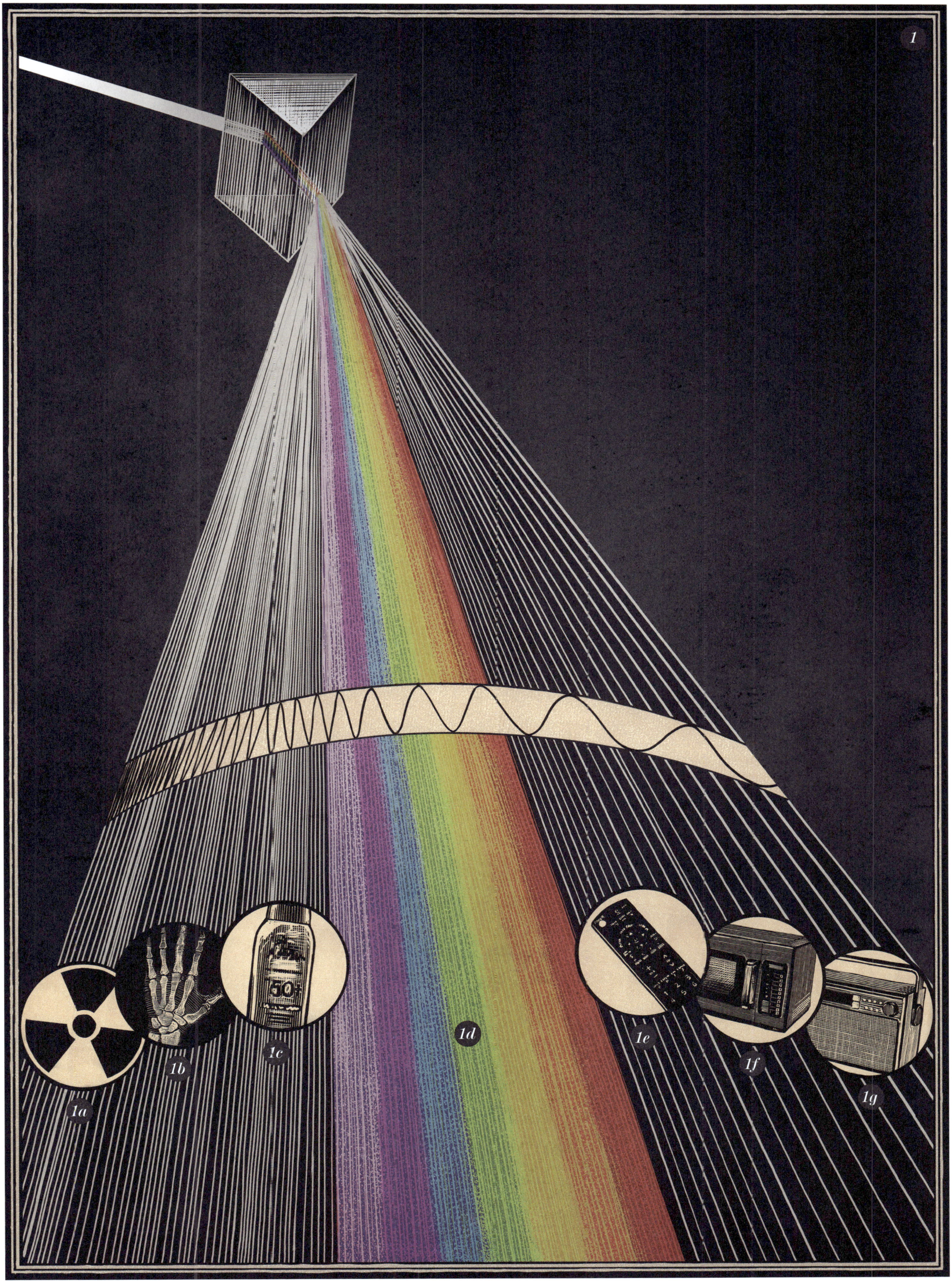
1
50+
1a
1b
1c
1d
1e
1f
1g

Teleskope

Am Nachthimmel erblicken wir Tausende Sterne als winzige Lichtpunkte. Sogar mit bloßem Auge erkennen wir, wie sie sich bewegen, während die Erde sich dreht. Wir sehen, dass sie in Farbe und Helligkeit variieren. Aber um sie zu studieren, benötigen wir Teleskope – optische Instrumente, die entfernte Objekte stark vergrößern.

Sterne und Galaxien sind sehr weit entfernt, und nur ein kleiner Teil des Lichts, das sie erzeugen, erreicht die Erde. Das liegt daran, dass Lichtpartikel sich zerstreuen, wenn sie sich von ihrer Quelle entfernen. So erscheint das Licht weniger hell. Teleskope funktionieren wie „Eimer": Sie sammeln dieses schwache Licht. So wie ein größerer Eimer mehr Regenwasser auffängt, fängt ein größeres Teleskop mehr Licht ein, sodass blassere Bilder heller werden. Während deine Pupillen nur etwa 5 Millimeter Durchmesser haben, erreichen moderne Teleskope mehr als 10 Meter. Ein Teleskop dieser Größe kann vier Millionen mal schwächer leuchtende Objekte sehen als das bloße Auge.

Teleskope arbeiten in drei Schritten: Im ersten sammeln sie das Licht mithilfe von Linsen oder Spiegeln. Dann wird das Licht zu einem kleinen, scharfen Bild gebündelt. Zum Schluss wird es vergrößert. Vor dem 19. Jahrhundert schauten sich Astronomen die vergrößerten Bilder an und zeichneten ab, was sie sahen. Heute werden die Bilder großer Teleskope elektronisch erfasst und auf Computern zur Analyse gespeichert. Das Licht kann auch durch ein Spektroskop geleitet werden, um die Wellenlänge des untersuchten Objekts zu bestimmen.

Man unterscheidet zwei Haupttypen von Teleskopen: Refraktor- und Spiegelteleskope. Refraktoren nutzen Linsen, um Licht zu krümmen und zu brechen. Das Licht fällt durch die vordere Linse ein, wird zum Okular geleitet und vergrößert. Spiegelteleskope arbeiten mit Spiegeln: Licht fällt ins Teleskop ein und wird von einem ersten Hauptspiegel zu einem zweiten Fangspiegel geworfen, der das Bild vergrößert.

Bildlegende

1: **Galileo-Fernrohr (20-fach)**
Linsengröße: 37 mm
Die Abbildung zeigt den berühmten Astronomen Galileo Galilei 1609 beim Benutzen eines Refraktor-Teleskops – eines der ersten Teleskope überhaupt. Er entdeckte Berge und Krater auf dem Mond und 1610 die vier größten Jupiter-Monde.

2: **Herschel 40-Fuß-Spiegelteleskop**
Spiegelgröße: 120 cm
1785 begann der Musiker und Astronom William Herschel mit dem Bau des Teleskops, das ab 1789 zum Einsatz kam. Seinerzeit war es das größte der Welt. Herschel beobachtete mit ihm die Saturn-Monde.

3: **James-Lick-Refraktor**
Linsengröße: 91 cm
Als es 1888 gebaut wurde, war es das größte Refraktor-Teleskop der Welt – bis heute ist es das drittgrößte. Die Kuppel kann rotiert werden, der Boden ist höhenverstellbar. Der Finanzier James Lick ist unter dem Fundament begraben.

1
2
3

Moderne Sternwarten

Wir können heute viel weiter ins All blicken als die Astronomen, die im 17. Jahrhundert mit den ersten Teleskopen den Mond und unsere Nachbarplaneten beobachteten – weit über unser Sonnensystem und sogar unsere Galaxie hinaus. Gerade im letzten Jahrhundert hat die Teleskoptechnik dank hochentwickelter Kameras, Detektoren, Spektroskopen, Computern und der schieren Größe moderner Teleskope gewaltige Fortschritte gemacht. Denn vor allem die Größe bestimmt die Leistung eines Teleskops: Heutige Teleskopspiegel haben rund 10 Meter Durchmesser. (Linsen solcher Größe sind zu schwer, sodass Refraktoren für moderne Großteleskope nicht verwendet werden.) Riesenteleskope zur Erforschung des sichtbaren Lichts befinden sich in mehrstöckigen Gebäuden, die man Sternwarte oder Observatorium nennt, meist hoch oben auf Bergen, wo die Luft klar, ruhig und trocken ist. Bei dunklem Nachthimmel entstehen unter optimalen Bedingungen sehr scharfe Bilder.

Die nächste Generation erdbasierter Teleskope wird größer sein als je zuvor und den Blick auf Objekte im Weltraum ermöglichen, die wir noch nie gesehen haben. Das im Bau befindliche „Extremely Large Telescope" (E-ELT) soll mit einem Hauptspiegel von 39 Meter Durchmesser sichtbares und infrarotes Licht einfangen können – acht Millionen mal mehr Licht als Galileis Teleskop von 1609. Licht, das Millionen oder sogar Milliarden Jahre bis zur Erde unterwegs war, sodass die Astronomen zurückblicken können in die Geschichte des Universums. Ihre Forschungsergebnisse werden Fragen zur Entstehung von Planeten, Sternen, Galaxien und des Universums selbst beantworten können!

Bildlegende

1: **Atacama Large Millimeter Array (ALMA)**
Jede der 66 Antennen des ALMA in der chilenischen Wüste Atacama empfängt Radiowellen, darunter auch Emissionen neuer Sterne und junger Galaxien. Damit die Signale durch die Hitze nicht unscharf werden, kühlt man die Detektoren auf -269 °C.

2: **Keck-Observatorium**
Die Zwillingsteleskope stehen in 4200 m Höhe auf dem Berg Mauna Kea, Hawaii. Jeder der 10 m großen Hauptspiegel besteht aus 36 beweglichen, sechseckigen Segmenten, die computergesteuert werden. Sie können Licht einfangen, das so schwach leuchtet wie eine Kerze auf dem Mond.

3: **Very Large Telescope (VLT)**
Hoch oben in der chilenischen Atacama-Wüste unter einem der klarsten Nachthimmel der Welt steht das VLT. Jedes seiner vier Teleskope hat einen Hauptspiegel von 8,2 m Durchmesser. Die Signale von bis zu drei von ihnen können gekoppelt und verstärkt werden.

Weltraumteleskope

Die Erde ist von einer Hülle aus Gasen namens Atmosphäre umgeben, die unsere Atemluft enthält und den Planeten vor schädlichen Sonnenstrahlen schützt. Zum Glück können wir durch die Atmosphäre hindurch zu den Sternen und Planeten sehen. Probleme bereitet sie allerdings, wenn wir die Himmelskörper genauer betrachten wollen: Lufttaschen verdunkeln die Bilder von Teleskopen, und die Atmosphäre ist für ganze Teile des elektromagnetischen Spektrums undurchlässig. Für glasklare Weltall-Bilder und den Empfang des gesamten elektromagnetischen Spektrums müssen Astronomen ihre Teleskope also oberhalb der Erdatmosphäre platzieren.

In den 1950er Jahren schickte man Teleskope an Helium-gefüllten Ballons hoch über die unteren Luftschichten. Was die Astronomen aber eigentlich brauchten, waren frei in der Umlaufbahn der Erde schwebende Instrumente. In den späten 1960er Jahren wurden erfolgreich mehrere Satelliten in die Erdumlaufbahn gebracht, bestückt mit den ersten Teleskopen für ultraviolettes Licht, Gamma- und Röntgenstrahlen. Zwischen April 1990 und August 2003 führte die NASA schließlich ihr großes Weltraumbeobachtungsprogramm mit vier weltraumgestützten Teleskopen durch – jedes für die Beobachtung eines anderen Teils des elektromagnetischen Spektrums konstruiert. Das „Compton Gamma-ray Observatory" (Rückkehr zur Erde im Jahr 2000) beobachtete Gammastrahlen, das „Chandra X-ray Observatory" beobachtet Röntgenstrahlen, das Spitzer-Weltraumteleskop infrarotes Licht und das Hubble-Weltraumteleskop sichtbares Licht bis in den nahen ultravioletten und (nach einer Servicemission) in den nahen infraroten Bereich. Dem Hubble-Teleskop verdanken wir einige der überwältigendsten Aufnahmen des Weltraums.

Die neueste Generation von Weltraumteleskopen wird das James-Webb-Weltraumteleskop anführen: In 1,5 Millionen Kilometer Entfernung von der Erde kreisend, soll es mit den Mitteln der Infrarotastronomie mehr als 13,5 Milliarden Lichtjahre weit ins All spähen – in die dunkle Frühzeit des Universums.

Bildlegende

1: **James Webb Space Telescope**
Station: 1,5 Mio. km über der Erde
Start: geplant 2020
Dieses Weltraumteleskop ist sechsmal leistungsstärker als das Hubble und soll alle wichtigen Phasen der Geschichte des Universums erforschen.

2: **Spitzer-Weltraumteleskop**
Station: 230 Mio. km über der Erde
Start: 25. August 2003
Die Instrumente dieses Infrarot-Teleskops werden mit flüssigem Helium auf -272 °C gekühlt.

3: **Hubble-Weltraumteleskop**
Station: 550 km über der Erde
Start: 24. April 1990
Während seiner langen Dienstzeit haben mehrere Astronauten das Hubble für Wartungsarbeiten besucht. Sein Hauptteleskop bündelt 40 000 mal mehr Licht als das menschliche Auge.

4: **Fermi Gamma-ray-Weltraumteleskop**
Station: 550 km über der Erde
Start: 11. Juni 2008
Das Teleskop beobachtet Quellen hochenergetischer Gammastrahlen im Universum – geheimnisvolle Schwarze Löcher und explodierende Sterne. Für eine Umkreisung der Erde benötigt das Teleskop 95 Minuten.

5: **Chandra X-ray Observatory**
Station: max. 139 000 km über der Erde
Start: 23. Juli 1999
Stationiert ungefähr auf einem Drittel des Wegs zum Mond, bündelt Chandra Röntgenstrahlen von sehr heißen Objekten wie explodierenden Sternen und Galaxienhaufen.

1
2
3
4
5

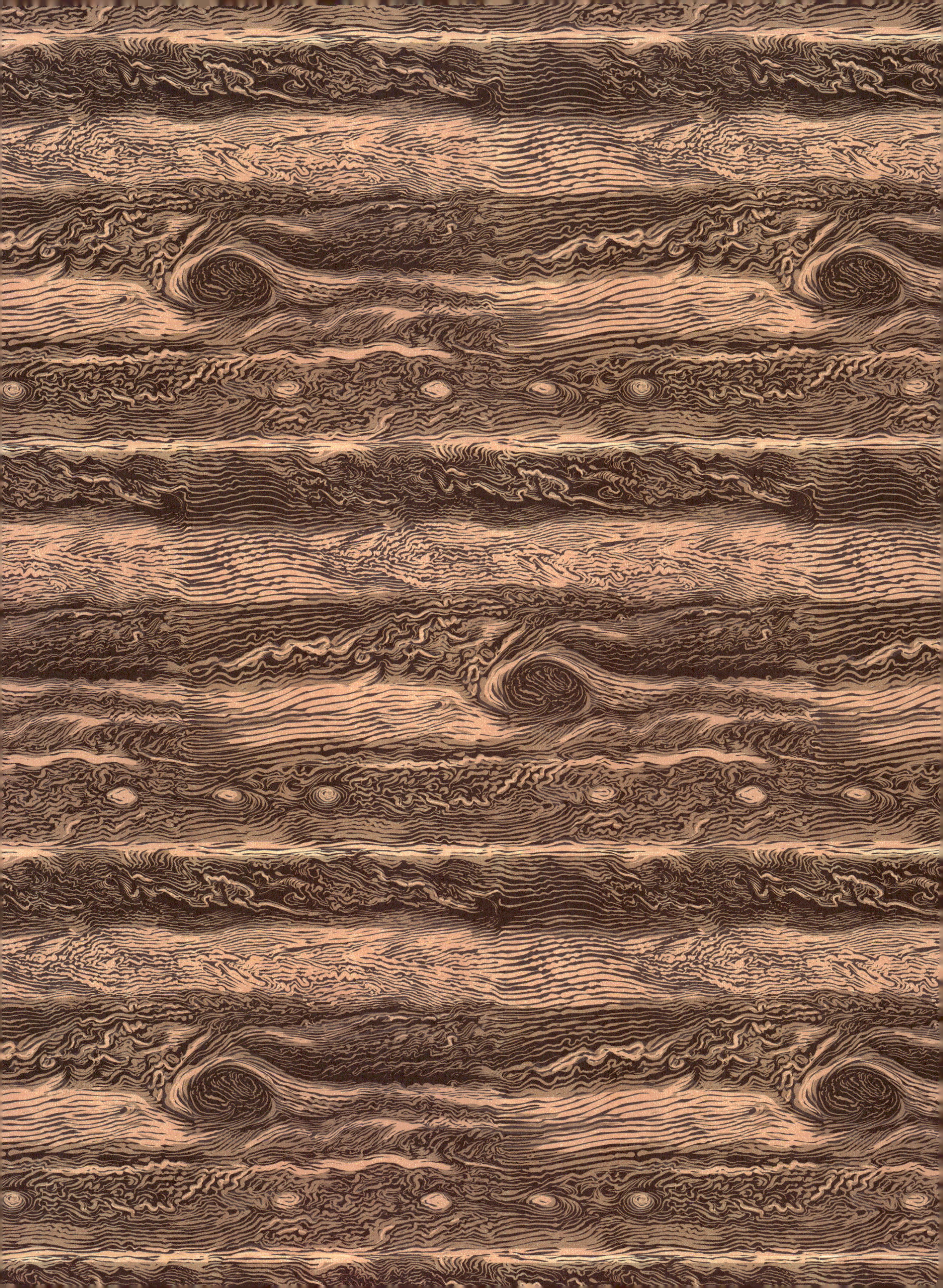

Saal 2

Das Sonnensystem

Das Sonnensystem

Unser Sonnensystem besteht aus acht Planeten, mehr als 180 Monden und Millionen anderer kleinerer Körper, die alle einen Stern namens Sonne umkreisen. Erstaunlicherweise besitzt die Sonne mehr als 99 Prozent der gesamten Masse des Sonnensystems und aufgrund dieser enormen Größe eine gewaltige Anziehungskraft. Sie zieht die umgebenden Planeten zu sich, wie die Schwerkraft der Erde Dinge zu Boden zieht. Ausgeglichen wird die Gravitation durch die Fliehkraft, die bei der Umkreisung der Sonne entsteht und ebenfalls auf die Planeten wirkt. So werden sie alle auf ihren geordneten Umlaufbahnen gehalten – wie Bälle, die an einer Schnur um eine Mitte kreisen.

Die Planeten sind nach der Sonne die größten Objekte in unserem Sonnensystem. Die vier inneren – Merkur, Venus, Erde und Mars – sind Gesteinsplaneten mit fester Oberfläche. Hinter dem Mars und einem Gürtel aus Millionen Asteroiden liegen die vier Gasplaneten Jupiter, Saturn, Uranus und Neptun. Mit 15 bis 300 mal mehr Masse als die Erde werden diese Riesen ohne feste Oberfläche von vielen Lagen aus Wolken umgeben.

Das Sonnensystem entwickelte sich vor 4,6 Milliarden Jahren aus einer Wolke aus Gas und Staub, die unter ihrer eigenen Schwerkraft zusammenbrach. Über Hunderte Millionen Jahre hinweg beschleunigte der Zusammenbruch die Rotation von Gas und Staub und breitete sie zu einer flachen Scheibe aus – so wie ein Pizzabäcker den Teig in der Luft dreht, bis eine flache Pizza entsteht. Mit der Zeit sammelte sich eine große Menge komprimierter Masse in der Mitte der Scheibe und formte die Sonne. Das restliche Material der Wolke klumpte zu Planeten und ihren Monden zusammen.

Seit jeher sind die Menschen vom Sonnensystem fasziniert. Die Weltraumtechnologie hat inzwischen alle Planeten dokumentiert und Unglaubliches gesichtet: Eisvulkane auf dem Zwergplaneten Pluto, Diamantenhagel auf dem Neptun. Aber vor allem hat sie gezeigt, dass in diesem unglaublichen System, das unser Zuhause ist, noch viele Entdeckungen warten ...

Bildlegende

1: **Sonne**

2: **Merkur**
Entfernung zur Sonne: 0,4 AE
(1 AE = Astronomische Einheit = Entfernung zwischen Erde und Sonne)
Umlaufzeit: 88 Erdentage

3: **Venus**
Entfernung zur Sonne: 0,7 AE
Umlaufzeit: 224,7 Erdentage

4: **Erde**
Entfernung zur Sonne: 1,0 AE
Umlaufzeit: 365 Erdentage

5: **Mars**
Entfernung zur Sonne: 1,5 AE
Umlaufzeit: 1,8 Erdenjahre

6: **Jupiter**
Entfernung zur Sonne: 5,2 AE
Umlaufzeit: 11,9 Erdenjahre

7: **Saturn**
Entfernung zur Sonne: 9,6 AE
Umlaufzeit: 29,4 Erdenjahre

8: **Uranus**
Entfernung zur Sonne: 19,2 AE
Umlaufzeit: 84,1 Erdenjahre

9: **Neptun**
Entfernung zur Sonne: 30,1 AE
Umlaufzeit: 164,8 Erdenjahre

9
8
7
6
5
4
3
2
1

Merkur

Merkur ist ein heißer, steiniger Planet, nur ein Drittel so groß wie die Erde. Er ist der kleinste und mit 170 500 km/h der schnellste Planet unseres Sonnensystems. Und er ist von allen Planeten der Sonne am nächsten. Könntest du auf seiner Oberfläche stehen, wäre die Sonne am Himmel dreimal größer als von der Erde aus betrachtet. Durch seine Nähe zur Sonne ist Merkur von der Erde – außer in der Dämmerung – nur sehr schwer zu erkennen Aber rund 13 Mal pro Jahrhundert können wir Merkur als kleinen dunklen Punkt vor der Sonne vorbeiwandern sehen.

Wie die Erde ist Merkur ein Gesteinsplanet mit einem festen Eisen-Nickel-Kern und einer Oberfläche, die unserem Mond erstaunlich ähnelt. Seine ebenen Flächen entstanden vermutlich durch Lavaströme, die zahlreichen Krater durch Meteoriten- und Kometeneinschläge. Seine dünne, flüchtige Atmosphäre bildet sich ständig neu, wenn der Sonnenwind (ein Strom aus geladenen Gaspartikeln, der von der Sonne freigesetzt wird) am Planeten vorbeiweht und dabei sowohl Spuren von Wasserstoff und Helium zurücklässt als auch Atome von der Planetenoberfläche löst. Diese dünne Gasschicht verflüchtigt sich so schnell, wie sie gebildet wurde. Ohne stabile Atmosphäre, um die Wärme des Planeten zu speichern, und in unmittelbare Nähe zur glühenden Sonne ist Merkur extremen Wechseln von Hitze und Kälte ausgesetzt, während er rotiert. Zwischen ca. 430 °C und -170 °C erlebt er die höchsten Temperaturschwankungen im Sonnensystem.

Die Weltraumsonde MESSENGER (2011-2015) fand heraus, dass trotz der hohen Tagestemperaturen am Nordpol des Merkur gefrorenes Wasser existiert, da dort tiefe Krater dauerhaft vor der Sonne abgeschirmt sind. Forscher vermuten, dass dieses Wasser durch eisige Kometen zum Merkur gelangte, die in der Anfangszeit des Universums auf ihm einschlugen.

Bildlegende

1: **Merkur**
Durchmesser: 4 879 km
Umlaufzeit (Jahr): 88 Erdentage
Rotationsperiode (Tag):
1 407,6 Stunden
Monde: Keine

Wegen seiner Geschwindigkeit wurde Merkur nach dem schnellfüßigen römischen Götterboten benannt. Im 14. Jh. v. Chr. verzeichnete ein assyrischer Astronom seine Entdeckung. Vulkanische Aktivität prägte seine weiten Flächen, durchsetzt von Kratern und langen, schroffen Klippen.

2: **Querschnitt durchs Planeteninnere**
a) **Kern**
b) **Mantel**
c) **Kruste**

Merkur hat einen dichten Eisen-Nickel-Kern, der mindestens drei Viertel seines Gesamtradius ausmacht. Jüngste Daten der MESSENGER-Mission zeigen, dass der Planet ein schwaches Magnetfeld besitzt – sein Kern ist vermutlich also zumindest teilweise geschmolzen. Um ihn herum liegen eine 500 km dicke Mantelschicht und eine noch dünnere Oberflächenkruste.

1
2
2a
2b
2c

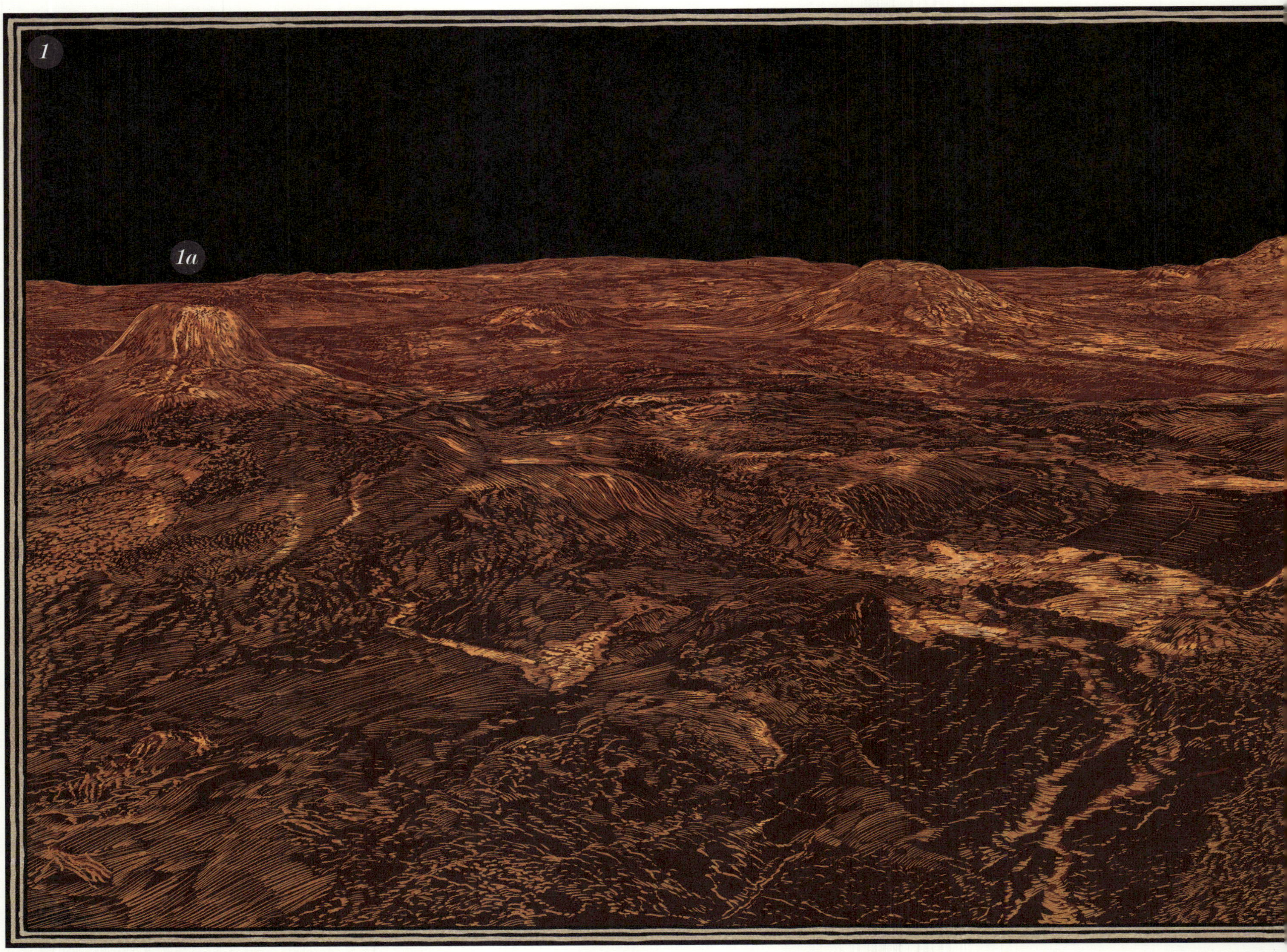

Venus

Venus und Erde werden aufgrund ihrer Ähnlichkeit in Größe, Dichte und innerer Struktur oft als Schwesternplaneten bezeichnet. Aber anders als die Erde ist Venus eine lebensfeindliche, wolkenbedeckte Welt, deren Atmosphäre so dick ist, dass der Oberflächendruck 90 mal höher ist als auf der Erde. Dieser Druck würde menschliche Lebewesen zermalmen. Ihre Kohlendioxid-Atmosphäre wäre zu giftig zum Atmen und ihre extreme Hitze tödlich. Venus ist der heißeste Planet des Sonnensystems.

Von der Erde aus gesehen ist Venus nach dem Mond der zweithellste Körper am Nachthimmel. Beim Blick durchs Teleskop ist allerdings aufgrund der lückenlosen Wolkendecke nichts von der Oberfläche zu sehen. Über Weltraumsonden hat man in Erfahrung gebracht, dass die Atmosphäre fast 80 Kilometer dick ist und zu 97 Prozent aus giftigem Kohlendioxid besteht. Diese dichte Gashülle schließt wie ein Treibhaus die Sonnenhitze ein, sodass Temperaturen von bis zu 462 °C entstehen – heiß genug, um Zinn und Blei zu schmelzen. Außerdem gibt es in dieser giftigen Wolkenhülle ausgedehnte, dramatische Gewitter mit Schwefelsäureregen und rund 20 Blitzen pro Sekunde.

Für ein umfassendes Bild von der Venusoberfläche sind Astronomen auf Weltraumsonden angewiesen: So wurden die Magellan- und die Venus Express-Sonde in die Umlaufbahn des Planeten gebracht. Sie erstellen mithilfe von Radar dreidimensionale Karten und Bilder der Oberfläche. Die gesammelten Daten offenbaren eine spektakuläre Bandbreite unterschiedlicher Strukturen: ruhende Vulkane, Sanddünen, Lavaebenen und raue Bergregionen. Das Fehlen alter Krater legt nahe, dass Lava von gewaltigen vulkanischen Aktivitäten vor 500 bis 300 Millionen Jahren den Planeten mit einer neuen Oberfläche überzogen hat.

Bildlegende

1: **Venus**

Durchmesser: 12 104 km
Umlaufzeit (Jahr): 224,7 Erdentage
Rotationsperiode (Tag): 5 832,5 Stunden
Monde: Keine

Venus trägt den Namen der antiken römischen Göttin der Schönheit und Liebe. Erstmals erwährt ist der Planet in den Aufzeichnungen babylonischer Astronomen im 17. Jh. v. Chr. .

a) **Planetenoberfläche**

Auf der Oberfläche erheben sich riesige erloschene Vulkane. Vor Milliarden Jahren formten sich Schildvulkane, als heiße, flüssige Lava aus dem Boden aufstieg. Die Vulkane können einige Kilometer hoch und Hunderte von Kilometern breit sein. Venus besitzt mit mehr als 1 600 erloschenen Vulkanen mehr als jeder andere Planet des Sonnensystems.

b) **Maat Mons**

Maat Mons wurde nach der ägyptischen Göttin der Wahrheit und Gerechtigkeit benannt und ist der zweithöchste Berg auf der Venus. Er ist 8 km hoch und misst an seiner Basis 395 km im Durchmesser. Der Vulkan ist von Lava überzogen, die wahrscheinlich erst vor 10 Millionen Jahren geflossen ist. Auf Radarbildern reflektiert seine glatte Oberfläche stark.

Erde

Unser Heimatplanet Erde ist der einzige uns bekannte Körper im Sonnensystem, der Leben hervorgebracht hat. Seit ihrer Entstehung vor 4,6 Milliarden Jahren hat sich die Erde von einem rohen Gesteinsbrocken in eine Welt mit Ozeanen, Wäldern, Wüsten und einer Vielzahl von Lebensformen verwandelt. Die Menge an flüssigem Wasser, das zwei Drittel der Oberfläche bedeckt, und die sauerstoffhaltige Atmosphäre machen sie zu einem einzigartigen Planeten.

Die Erdatmosphäre enthält nicht nur den Sauerstoff, den wir atmen, sondern dient auch als Schutzschild gegen Sonnenstrahlung und sich nähernde Weltraumtrümmer wie Sternschnuppen. Sie besteht aus fünf Schichten: Troposphäre (in dieser untersten Schicht aus Wasserdampf findet das Wetter statt), Stratosphäre (enthält das Ozon), Mesosphäre (hier verglühen Sternschnuppen), Thermosphäre (hier kreist die Internationale Raumstation) und Exosphäre (diese sehr dünne Schicht geht fließend in den Weltraum über).

Unter ihrer Oberfläche ist die Erde aus mehreren Schichten aufgebaut, die sich anhand der Bewegung von Stoßwellen nach Erdbeben ermitteln lassen. Im Zentrum liegt der Erdkern als dichter, fester Nickel-Eisen-Ball so heiß wie die Sonnenoberfläche. Im darüber liegenden äußeren Kern erzeugen Strudel aus geschmolzenem Eisen das Magnetfeld der Erde, das als unsichtbares Kraftfeld den Planeten umschließt. Darüber folgt mit dem Mantel die dickste Schicht aus festem Gestein, das so heiß ist, dass es flüssig wird. Zum Schluss bildet die Erdkruste die äußere Oberfläche des Planeten. Im Vergleich zu den anderen Schichten ist sie so dünn wie eine Briefmarke auf einem Wasserball. Die Kruste und ein Teil des Mantels bilden die sogenannten tektonischen Platten, die über den geschmolzenen Teil des Mantels gleiten und sich pro Jahr wenige Zentimeter bewegen. Die meisten geologischen Ereignisse wie Vulkanausbrüche, Erdbeben und die Entstehung von Bergen werden durch das langsame Gleiten der Platten ausgelöst.

Bildlegende

1: **Erde**
Durchmesser: 12 756 km
Umlaufzeit (Jahr): 365 Erdentage
Rotationsperiode (Tag): 23,9 Stunden
Monde: Einer

Vom Weltraum aus wirkt die Erde wie eine „blaue Murmel", da ihre wasserreiche Oberfläche das blaue Licht des Himmels reflektiert. Fast 71 Prozent der Erdoberfläche bestehen aus Wasser – 3,5 Prozent davon bilden das Süßwasser von Seen, Gletschern und Eis, den Rest das Salzwasser der Meere. Astronomen vermuten, dass es vor Milliarden Jahren durch eisige Kometen und Meteoriten vom äußeren Sonnensystem zur Erde gelangte.

1

Der Mond

Der Mond entstand vermutlich zur gleichen Zeit wie die Erde, als ein Felsbrocken in der Größe des Mars in unseren Planeten krachte. Die weggeschleuderten Trümmer haben sich unter Einwirkung der Schwerkraft zum Mond geballt, der aufgrund der stärkeren Anziehungskraft der Erde stabil in unserer Umlaufbahn kreist. Im Sonnensystem gibt es keinen Satelliten, der seinem Mutterplaneten in Größe und Materialzusammensetzung so ähnlich ist. Um ihre Größenrelation zu verstehen, stell dir die Erde als Basketball und den Mond als Tennisball in 7,4 Meter Entfernung vor. Die Sonne wäre dann ein großes Haus in fast 3 Kilometer Entfernung.

Der Mond braucht für eine Drehung um die eigene Achse genauso lang wie für eine Umkreisung der Erde (ca. 27 Tage). Diese „gebundene Rotation" bedingt, dass wir immer nur eine Seite des Mondes sehen. Für uns wirkt es, als würde er leuchten. Tatsächlich reflektiert er nur das Sonnenlicht. Die Mondphasen entstehen, da von der Erde aus gesehen wechselnde Teile seiner Oberfläche angestrahlt werden.

Die Oberfläche des Mondes ist von pudriger Erde, Kratern, inaktiven Vulkanen und weiten, lavaüberzogenen Ebenen bedeckt. Diese Ebenen werden „Maria" genannt, nach dem lateinischen Wort für „Meere". Von der Erde aus wirken sie schattig, während das bergige Hochland viel heller aussieht. Da der Mond keine nennenswerte Atmosphäre zum Schutz vor der Sonneneinstrahlung am Tag und zum Speichern der Wärme bei Nacht hat, schwanken die Temperaturen zwischen -183 °C und 106 °C.

Bis heute ist der Mond nach der Erde der einzige Himmelskörper, den Menschen betreten haben. Es gab sechs bemannte Missionen: die erste 1969 mit Neil Armstrong und Buzz Aldrin, die letzte 1972 mit Eugene Cernan und Harrison Schmitt. Der Rest der Menschheit kann sich das unglaubliche Gefühl nur vorstellen, auf dem staubigen Mondboden zu stehen und am tintenblauen Himmel zu sehen, wie sich die Erde dreht.

Bildlegende

1: **Die abgewandte Seite des Mondes**
Diese Seite des Mondes ist von der Erde aus nie zu sehen. Die Kruste ist viel dicker als auf der erdzugewandten Seite. Während der vulkanisch aktiven Zeit vor Milliarden von Jahren konnte hier die Lava nicht so leicht durchbrechen. So ist diese Seite dicht mit Kratern übersät, während sich auf der für uns sichtbaren Seite die Krater mit Lava füllten und die flachen Maria-Ebenen entstanden.

2: **Mondphasen**
Das Erscheinungsbild des Mondes ändert sich von der Erde aus gesehen mit seiner Umrundung unseres Planeten. Während der ersten Mondphase, dem Neumond, reflektiert der Mond kein Licht und ist deshalb unsichtbar für uns.

a) abnehmender Mond
b) viertes Viertel
c) drittes Viertel
d) Vollmond
e) zweites Viertel
f) erstes Viertel
g) zunehmender Mond
Der Zyklus dauert durchschnittlich 29,5 Tage und endet wieder mit einem Neumond.

1
2a
2b
2c
2d
2e
2f
2g

Mars

Mars ist der letzte der vier Gesteinsplaneten unseres Sonnensystems und wird wegen seiner weithin sichtbaren rostigen Farbe auch als „Roter Planet" bezeichnet. Schon die alten Griechen fühlten sich an Blut erinnert und gaben ihm den Namen ihres Kriegsgottes Ares. Sein heutiger Name geht auf den römischen Kriegsgott Mars zurück. Die chinesischen Astronomen der Antike nannten ihn „Feuerstern".

Seine Rotfärbung resultiert aus der Menge an Eisenoxid in seiner Oberfläche. Diese Kombination von Eisen und Sauerstoff verleiht auch Rost und Blut ihre Farbe. Andere Gesteinsplaneten wie die Erde haben einen dichten Eisenkern, da das schwere Metall bei der Planetenbildung durch die Schwerkraft nach unten gezogen wurde. Mars hat eine geringere Masse und ein schwächeres Gravitationsfeld, sodass bei ihm mehr Eisen in den oberen Schichten verblieb, das sich mit Sauerstoff zu dem feinen, rötlichen Staub verband, der ihn heute bedeckt.

Neben lang gestreckten Sanddünen weist der Mars Kraterlandschaften und tiefe Schluchten auf, die über Milliarden Jahre durch Vulkanausbrüche, Asteroideneinschläge und die starken Winde des Planeten entstanden. Sein höchster Punkt, Olympus Mons, ist der höchste Berg des Sonnensystems: ein 21 Kilometer hoher erloschener Vulkan, etwa

dreimal höher als der Mount Everest. Mars ist zudem den heftigsten Stürmen des Sonnensystems ausgesetzt – tobende Staubstürme, die sich über Tausende von Kilometern erstrecken und zu manchen Jahreszeiten den gesamten Planeten überziehen.

Auch wenn Mars heute ein trockener, staubiger Planet ist, floss einst Wasser über seine Oberfläche. Das lässt sich aus Kanälen und Tälern schließen, die sie durchziehen. Das Wasser ist längst verdunstet, aber es bleibt die Möglichkeit, dass sich in der Vergangenheit einfaches bakterielles Leben darin angesiedelt hat. Heute vermutet man, dass noch immer Wasser unter der Oberfläche des Planeten existiert und dass seine Polkappen von einer dicken Eisschicht überzogen sind. Mit Raumsonden werden der Planet und seine Atmosphäre untersucht, um herauszufinden, ob es hier bakterielles Leben gab.

Bildlegende

1: **Mars**
Durchmesser: 6 792 km
Umlaufzeit (Jahr): 1,8 Erdenjahre
Rotationsperiode (Tag) 24,6 Stunden
Bekannte Monde: Zwei

Mars ist nach dem römischen Kriegsgott benannt. Schon im 16. Jh. v. Chr. war der Planet bekannt: die alten Ägypter gaben ihm den Namen ihres falkenköpfigen Gottes „Horus".

a) **Phobos**
Dieser Mond umrundet den Mars in 5 800 km Entfernung. In ca. 7 Mio. Jahren wird er vermutlich durch Gravitationskräfte zerstört und seine Trümmerteile werden einen Ring um den Mars bilden.

b) **Deimos**
Der kleinere Marsmond hat die unregelmäßige Form eines Asteroiden. Seine Umlaufbahn bewegt sich vom Mars weg, sodass er sich irgendwann von ihm lösen wird.

Jupiter

Jupiter ist der größte Planet des Sonnensystems – so groß, dass die Erde 1300 Mal in ihn hineinpassen würde. Der „Gasriese" hat eine dichte, wirbelnde Atmosphäre, aber keine feste Oberfläche, auf der man stehen könnte. In seinem Inneren befindet sich ein fester Kern aus Eis, Metall und Stein, von flüssigem Wasserstoff umgeben. Weiter vom Kern entfernt sinken Temperatur und Druck, und die Elemente des Planeten beginnen, sich wie Gase zu verhalten, bis sie in eine dicke Atmosphäre aus Wasserstoff und Helium übergehen. In Jupiters äußerster Schicht formen Ammoniak und Schwefel eine wirbelnde Oberfläche in den Farben Rot, Gelb und Weiß. Die Gase werden durch die schnelle Rotation des Planeten (eine Umdrehung um die eigene Achse in 10 Stunden) in Bänder gedrückt: dunkle „Gürtel" und helle „Zonen". In dieser Atmosphäre sind ovale, hurrikanähnliche Stürme zu beobachten. Der größte namens „Großer Roter Fleck" wütet durchgehend seit mehr als 300 Jahren und ist 1,3 mal größer als die Erde.

Mindestens 69 Monde unterschiedlicher Größe und Form umkreisen Jupiter. Die vier größten, Ganymed, Kallisto, Io und Europa, werden nach ihrer Entdeckung durch Galileo Galilei im Jahr 1610 „Galileische Monde" genannt. Jeder ist eine faszinierende Welt für sich: Ganymed ist der größte Mond des Sonnensystems, Kallisto der Himmelskörper mit den meisten Kratern, Io ist von aktiven Vulkanen bedeckt und Europas Oberflächeneis könnte einen Ozean zweimal so groß wie alle Weltmeere zusammen bedecken.

Bisher haben neun Sonden Bilder und Daten vom Jupiter gesammelt. Sie zeigen, dass sein Magnetfeld fast 20 000 mal so stark wie das der Erde ist. Und sie haben Bilder einer blassen Reihe von Ringen rund um den Planeten übermittelt, die durch Teleskope von der Erde aus nicht sichtbar sind.

Bildlegende

1: **Jupiter**
Durchmesser: 142 984 km
Umlaufzeit (Jahr): 11,9 Erdenjahre
Rotationsperiode (Tag): 9,9 Stunden
Bekannte Monde: 69

Die Römer benannten Jupiter nach ihrem obersten Gott, dem Herrscher über Himmel, Donner und Blitz. Babylonische Astronomen beobachteten ihn bereits im 8. Jh. v. Chr.

a) **Großer Roter Fleck**
Dieser gewaltige Zyklon dreht sich in sechs Erdentagen einmal um sich selbst. Mit einer Länge von 16 000 km kann man ihn durch Teleskope von der Erde aus sehen.

b) **Ganymed**
Dieser riesige Mond ist größer als der Planet Merkur. Seine Oberfläche weist helle und dunkle Regionen sowie Frost an beiden Polen auf.

1
1b
1a

Saturn

Saturn ist einer der fünf Planeten, die am Nachthimmel mit bloßem Auge erkennbar sind, und der am weitesten entfernte Planet, der schon in der Antike bekannt war. Er ist ein Gasriese, umgeben von hellen, spektakulären Ringen, und wird deshalb „Ringplanet" genannt.

Wie Jupiter besteht auch Saturn hauptsächlich aus den extrem leichten Elementen Wasserstoff und Helium. Saturn verfügt aber nur über 30 Prozent der Masse des Jupiter und hat die geringste Dichte aller Planeten des Sonnensystems – er würde in Wasser schwimmen, gäbe es eine Badewanne, in die er hineinpassen würde! Anders als andere Planeten strahlt Saturn fast doppelt so viel Hitze ab, wie er von der Sonne empfängt. Forscher führen das auf Heliumtröpfchen zurück, die in Richtung seines Kerns fallen und deren Bewegungsenergie in Wärmeenergie umgewandelt wird. Die Hitze nährt Stürme in Saturns oberer Atmosphäre mit Windgeschwindigkeiten von bis zu 1 800 km/h nahe des Äquators. Ungefähr alle 30 Jahre brechen in dieser Region Wirbelstürme aus, die von Weitem als „Großer Weißer Fleck" aus Ammoniakkristallwolken erscheinen.

Saturn ist von einem komplexen Ringsystem umgeben, das aus Milliarden von Eispartikeln, feinem Staub und haushohen Felsbrocken besteht. Forscher gehen davon aus,

dass sich die Ringe bildeten, als ein mittelgroßer Mond nahe an Saturn herandriftete und von der immensen Schwerkraft des Planeten zertrümmert wurde. Die Ringe haben einen Durchmesser von 280 000 Kilometer, sind aber nur 1 Kilometer dick. Ein Modell mit 1 Meter Durchmesser müsste 10 000 mal dünner als eine Rasierklinge sein.

Saturn hat 62 bekannte Monde, meist aus Gestein und Wassereis. Titan – der zweitgrößte Mond des Sonnensystems – besitzt eine dichte Stickstoff-Atmosphäre. Seine kalte Oberfläche weist bemerkenswerte Seen aus flüssigem Methan auf. Er ist von besonderem Interesse für Forscher auf der Suche nach außerirdischem Leben, da er der Erde zur Zeit, als sich hier das erste Leben entwickelte, stark ähnelt.

Bildlegende

***1:* Saturn**
Durchmesser: 120 536 km
Umlaufzeit (Jahr): 29,4 Erdenjahre
Rotationsperiode (Tag): 10,7 Stunden
Bekannte Monde: 62

Die Römer benannten Saturn nach dem Vater ihres Gottes Jupiter. Er war der entfernteste Planet, den die antiken Zivilisationen kannten.

***a)* Der Planet von oben**
Auf seiner Umlaufbahn sehen wir die Saturnringe aus verschiedenen Perspektiven. Manchmal sind sie – wie hier – deutlich zu uns geneigt.

***b)* Der Planet von der Seite**
Über Jahre scheinen die Ringe breiter zu werden; dann verjüngen sie sich, bis sie in der Seitenansicht fast unsichtbar scheinen. Dieser Wechsel ist auf den Winkel von Saturns Rotationsachse im Verhältnis zu seiner Sonnenumlaufbahn zurückzuführen.

Uranus

Diesen wasserblauen Planeten an den äußeren Grenzen unseres Sonnensystems hielt man einst für einen Gasriesen wie Jupiter oder Saturn. Doch Erkenntnisse über seine Zusammensetzung und seine eisigen Temperaturen führten zur Einordnung als „Eisriese". Uranus erzeugt im Vergleich zu anderen Planeten sehr wenig Wärme, und obwohl nicht so weit von der Sonne entfernt wie sein Nachbar Neptun, ist er der kälteste Planet des Sonnensystems. Die Temperaturen in seinen Methaneis-Wolken können auf -220 °C sinken. Anders als bei den anderen Gasriesen findet sich sehr viel mehr Methan, vermischt mit Wasserstoff und Helium, in seiner Atmosphäre. Weil das Methan rotes Licht absorbiert, erscheint der Planet als blaugrüne Kugel. Über seiner scheinbar glatten Oberfläche können wir manchmal Stürme in der oberen Atmosphäre beobachten. Sie ziehen Methaneis aus tieferen Schichten nach oben und erscheinen beim Blick durch Infrarot-Teleskope als sehr helle Flecken.

Beim Umkreisen der Sonne nimmt Uranus eine ungewöhnliche, komplett seitliche Position ein. Seine Rotationsachse wird um 98 Grad gedreht, sodass während der einen Hälfte seines Jahres der Nordpol zur Sonne zeigt, für den Rest des Jahres der Südpol. Stündest du an seinem Nordpol, könntest du 42 Erdenjahre lang die Sonne am Himmel sehen, ohne dass sie je unterginge. Nach diesem unglaublich langen „Sommer" würde die Sonne hinter dem Horizont verschwinden und es folgten 42 Erdenjahre winterliches Dunkel. Forscher vermuten, dass die erstaunliche Rotationsachse auf eine Kollision mit einem großen Körper zurückgeht, der den Planeten auf die Seite gekippt hat. Die Wucht dieses Aufpralls könnte auch das dünne Ringsystem des Uranus hervorgerufen haben. Wahrscheinlicher ist, dass es sich um Bruchstücke einer Vielzahl kollidierter Monde handelt.

Bildlegende

1: **Uranus**
Durchmesser: 51 118 km
Umlaufzeit (Jahr): 84,1 Erdenjahre
Rotationsperiode (Tag): 17,2 Stunden
Bekannte Mode: 27

Uranus wurde 1781 durch Zufall vom Astronomen William Herschel entdeckt. Herschel beobachtete die Sterne, als er einen Körper wahrnahm, der sich in ihre Richtung zu bewegen schien. Er schloss daraus, dass sich dieser Körper näher an uns als an den Sternen befinden musste. Zunächst hielt er ihn für einen Kometen; erst später wurde ihm und anderen Astronomen klar, dass es ein neuer Planet in der Umlaufbahn der Sonne war. Herschel wollte ihn Georgium Sidum, nach dem englischen König George III., nennen, aber der Name des römischen Gottes Uranus – dem Vater von Saturn – setzte sich durch.

a) **Bänder**
Wie andere Gasplaneten ist Uranus von Wolken- und Dunstbändern umgeben, die ihn mit Hunderten von Kilometern pro Stunde umwehen.

b) **Ringe**
Der äußerste Uranus-Ring erstreckt sich in einem Radius von 98 000 km vom Zentrum des Planeten. Die Ringe sind vergleichsweise jung und haben sich wahrscheinlich vor ca. 600 Mio. Jahren aus den Bruchstücken kollidierter Monde gebildet.

c) **Miranda**
Miranda ist der kleinste Mond des Uranus. Sein unebenes Aussehen und seine aufgebrochene Oberfläche resultieren aus einem Asteroideneinschlag, der ihn in Stücke zerschlug, die sich dann durch die eigene Schwerkraft wieder zusammenfügten.

1
1a
1b
1c

Neptun

Neptun, der äußerste Planet unseres Sonnensystems, verdankt seine schöne blaue Farbe dem Methan in seiner Atmosphäre. In dieser tiefblauen Hülle toben die schnellsten Stürme des Sonnensystems mit Windgeschwindigkeiten von bis zu 2 400 km/h – fast zehnmal so schnell wie die zerstörerischen Hurrikans der Stufe 5 auf der Erde (die stärksten Winde unseres Planeten). Neptun erlebt auch weniger starke Stürme, die – ähnlich wie Jupiters „Großer Roter Fleck" – als dunkle Flecken auf seiner Oberfläche erscheinen. Diese Flecken sind kurzlebiger als die auf Neptuns Nachbarplaneten: Statt Jahrhunderten dauern sie oft nur einige Jahre. Begleitet werden sie von Wolken aus Ammoniak und Wassereis, die als helle weiße Flecken in den oberen Schichten des Planeten erkennbar sind. Wissenschaftler vermuten, dass es in Neptuns tieferen Atmosphäreschichten sogar Diamantenhagel gibt, wenn steigende Temperaturen und erhöhter Druck Methan zu festen Diamanten formen, die in das Zentrum des Planeten niederregnen.

Umgeben ist Neptun von fünf sehr blassen Ringen aus winzigen Partikeln, die wahrscheinlich von Körpern stammen, welche mit den Neptun-Monden kollidierten. Neptun besitzt 14 bekannte Monde. Triton, der größte, wurde im Oktober 1846 entdeckt, nur 17 Tage, nachdem Neptun selbst erstmals offiziell dokumentiert wurde. Tritons Oberfläche besteht hauptsächlich aus Fels und Eis und einem Mix aus Kratern und glatten Ebenen. Aus seiner Kruste brechen Wolken aus Staub und Stickstoffgas aus, die eine dünne Atmosphäre bilden. Mit einer Durchschnittstemperatur von -235 °C ist Triton der kälteste bekannte Himmelskörper des Sonnensystems.

Bildlegende

1: **Neptun**
Durchmesser: 49 528 km
Umlaufzeit (Jahr): 164,8 Erdenjahre
Rotationsperiode (Tag): 16,1 Stunden
Bekannte Monde: 14

Neptun (nach dem römischen Meeresgott) wurde erstmals 1846 vom deutschen Astronomen Johann Gottfried Galle gesichtet, dessen Studien auf den Berechnungen des französischen Mathematikers Urbain Le Verrier beruhten. Neptun liegt so weit außen im Sonnensystem, dass er erst im Juli 2011 die erste volle Sonnenumrundung seit seiner Entdeckung vollendete.

a) **Großer Dunkler Fleck**
Der „Große Dunkle Fleck" war ein Antizyklon ungefähr so groß wie die Erde. Das Hochdruck-Sturmsystem wurde 1989 durch die Weltraumsonde Voyager 2 aufgezeichnet. Zwei Jahre später – diesmal mit dem Hubble-Weltraumteleskop – war es allerdings nicht mehr zu sehen.

2: **Querschnitt durchs Planeteninnere**
a) Kern
b) Mantel
c) Atmosphäre
Neptun hat einen Kern aus Gestein und Eis, der etwas größer als die gesamte Erde ist. Er ist umgeben von einem dicken Mantel – vermutlich eine Mischung aus Wasser, Ammoniak und Methaneis – und einer Atmosphäre aus Wasserstoff, Helium und Methangasen, deren oberste Schicht wie eine Wolkendecke aussieht.

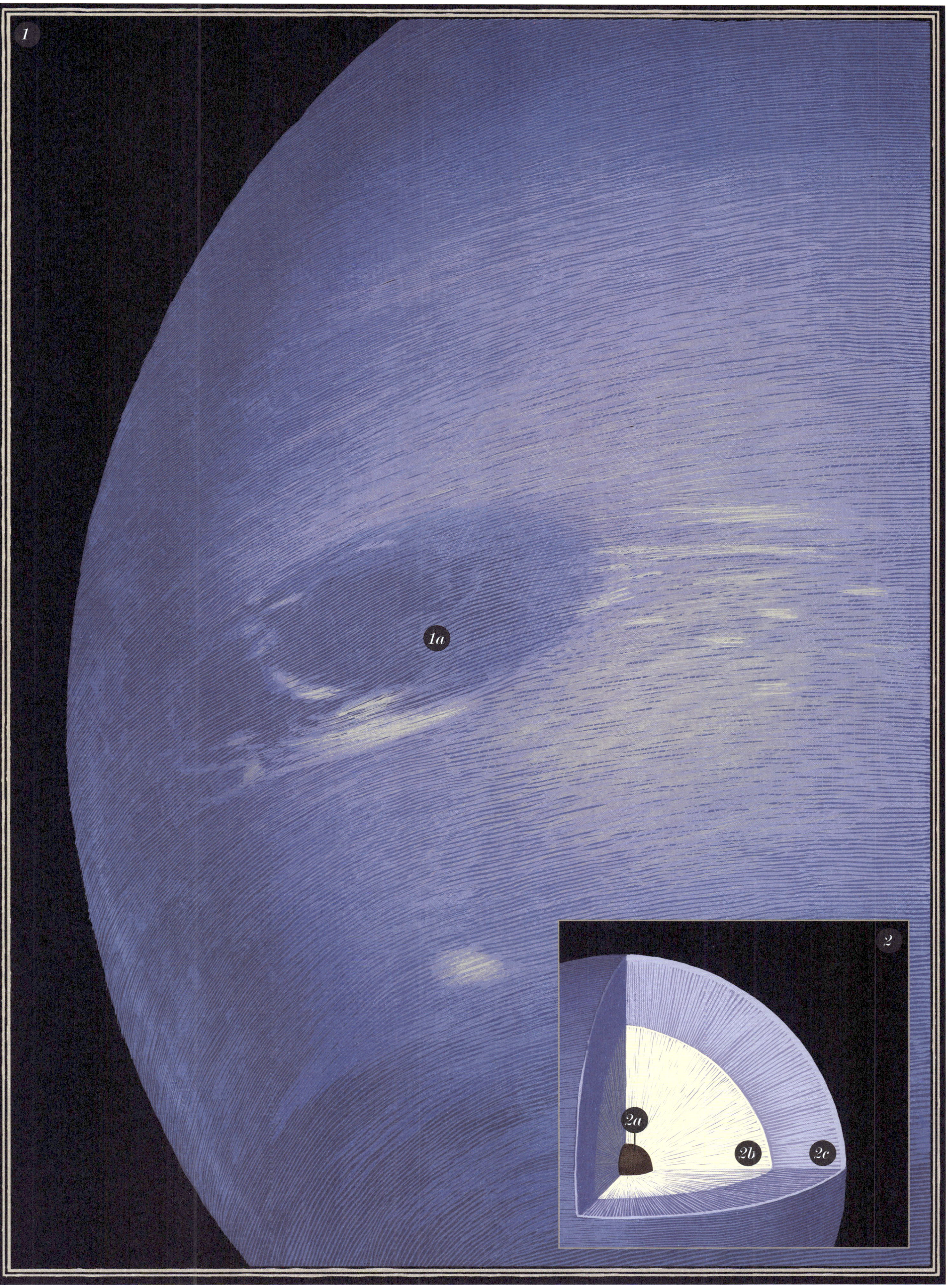
1
1a
2
2a
2b
2c

Zwergplaneten

Im Bereich der Umlaufbahn der acht Planeten und darüber hinaus ist das Sonnensystem voll von anderen Objekten – von faustgroßen Eissplittern bis zu Körpern so groß wie Planeten. Was macht also einen Planeten zu einem Planeten? 2006 haben Astronomen drei Kriterien festgesetzt: Ein Planet muss sich erstens in einer Umlaufbahn um die Sonne befinden. Seine Masse und Schwerkraft müssen zweitens so groß sein, dass er eine kugelförmige Gestalt annimmt. Drittens muss seine Umlaufbahn um die Sonne frei von anderen Objekten sein. Pluto hatte man lange Zeit als Planeten eingeordnet, aber auf ihn treffen nur die ersten beiden Kriterien zu, nicht aber das dritte Merkmal, da er seine Umlaufbahn mit anderen eisigen Körpern teilt. 2006 wurde der bis dato als kleinster Planet des Sonnensystems bekannte Pluto also als Zwergplanet eingestuft.

Astronomen vermuten Dutzende weiterer Zwergplaneten jenseits von Plutos entfernter Umlaufbahn, aber bislang sind nur vier bekannt: Ceres, Eris, Makemake und Haumea. Die meisten befinden sich im Kuipergürtel, der sich von der Neptun-Umlaufbahn bis zu 15 Milliarden Kilometer Entfernung von der Sonne erstreckt. Nur Ceres liegt als größtes Objekt im Asteroidengürtel zwischen Jupiter und Mars näher an der Erde. Als erster „Asteroid", der je entdeckt wurde, wurde Ceres lange Zeit als solcher klassifiziert. Erst seit 2006 gilt er als Zwergplanet und wurde als erster von ihnen von einer Raumsonde besucht, als die NASA-Sonde Dawn 2015 in seine Umlaufbahn eintrat.

Nach ihrem Start 2006 erreichte die Raumsonde New Horizons im Juli 2015 – etwa neun Jahre später und 4,8 Milliarden Kilometer weiter – Pluto. Aus 12 500 km Entfernung von seiner Oberfläche schickte sie Bilder zur Erde, die eine erstaunliche Vielfalt an Strukturen zeigen: Krater, Klippen, Täler und Schichten von Stickstoffeis.

Bildlegende

1: **Zwergplaneten (nicht maßstabsgetreu)**
Hier sind die fünf bekannten Zwergplaneten im Größenvergleich zur Erde zu sehen.

a) **Pluto und Charon**
Durchmesser: 2 374 km
Umlaufzeit (Jahr): 248 Erdenjahre
Rotationsperiode (Tag): 6,4 Tage
Entfernung zur Sonne: 29,6–49,3 AE
Charon ist der größte Mond von Pluto.

b) **Eris**
Durchmesser: 2 400 km
Umlaufzeit (Jahr): 560,9 Erdenjahre
Rotationsperiode (Tag): 1,1 Tage
Entfernung zur Sonne: 38,3–97,5 AE
Eris ist der größte Zwergplanet.

c) **Haumea**
Durchmesser: 1 960 km (längste Seite)
Umlaufzeit (Jahr): 283,3 Erdenjahre
Rotationsperiode (Tag): 0,2 Tage
Entfernung zur Sonne: 34,7–51,5 AE

d) **Ceres**
Durchmesser: 946 km
Umlaufzeit (Jahr): 4,6 Erdenjahre
Rotationsperiode (Tag): 0,4 Tage
Entfernung zur Sonne: 2,6–3,0 AE

e) **Makemake**
Durchmesser: 1 430 km
Umlaufzeit (Jahr): 306 Erdenjahre
Rotationsperiode (Tag): 0,3 Tage
Entfernung zur Sonne: 38,1–52,8 AE

1
1a
1b
1c
1d
1e

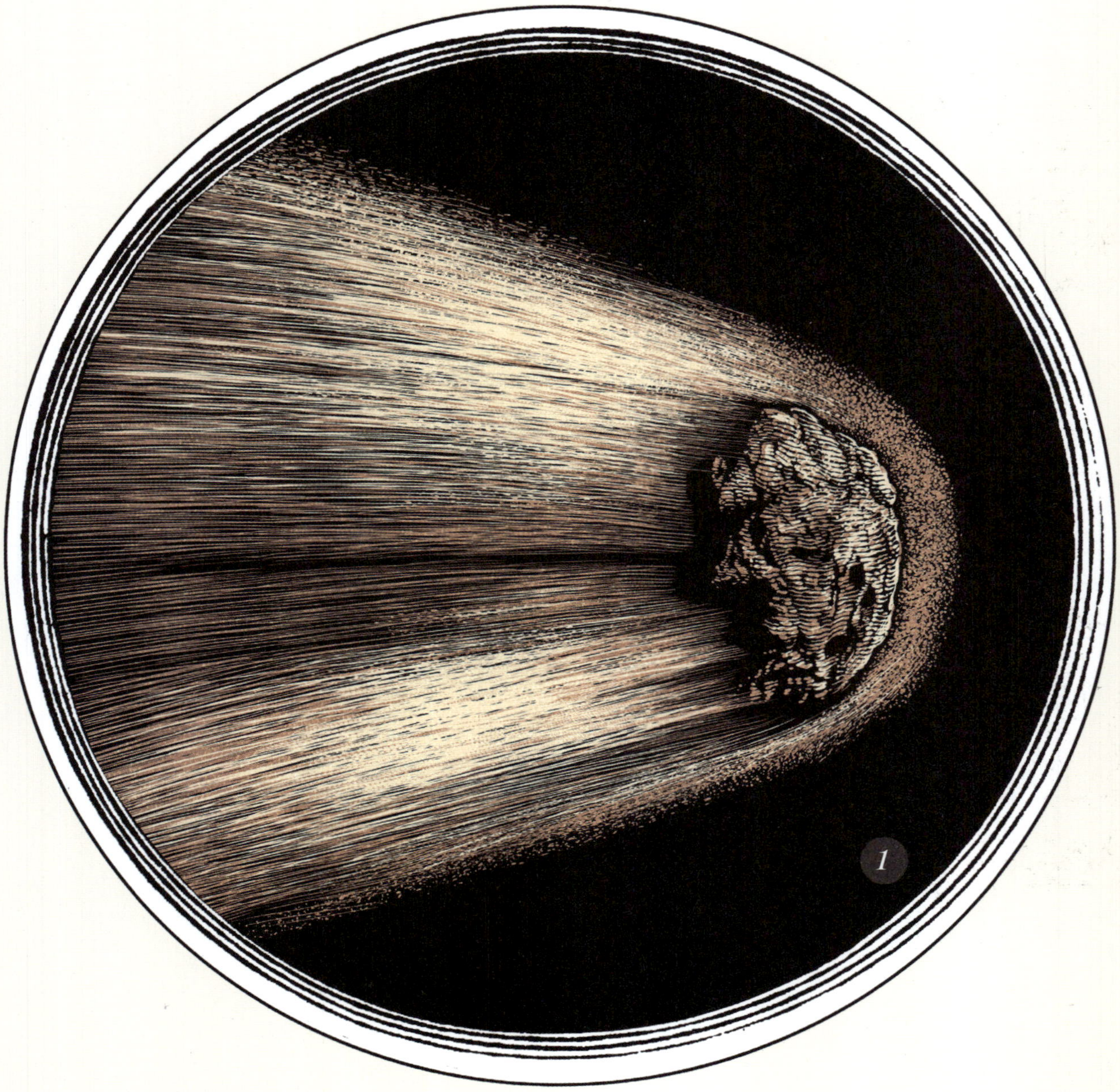

DAS SONNENSYSTEM

Kometen und Asteroiden

Man kann sich Kometen und Asteroiden als „Reste" des Sonnensystems vorstellen: Material, das übrig blieb, nachdem sich die Sonne, die Planeten und ihre Monde vor rund 4,6 Milliarden Jahren gebildet hatten. Die Objekte umlaufen die Sonne in ovalen Bahnen, kommen den Planeten oftmals gefährlich nahe oder fliegen sogar in sie hinein.

In Zusammensetzung und Verhalten unterscheiden sich Kometen und Asteroiden stark voneinander. Kometen sind kompakte Kugeln aus Eis und Staub, die wie schmutzige Schneebälle durchs Universum rasen. Ihre Reise beginnt am äußersten Rand des Sonnensystems, im Kuipergürtel (4,5 bis 15 Milliarden Kilometer von der Sonne entfernt) oder der Oortschen Wolke (in rund 7 500 Milliarden Kilometer Entfernung von der Sonne). Wenn ihre Flugbahn sie näher zur Sonne bringt, erwärmen sie sich und ein Teil ihres Eises wandelt sich in Dampf. Daraus formt sich eine Wolke aus Gas und Staub um den Kern des Kometen, die man „Koma" nennt. Der Sonnenwind bläst einen Teil davon zurück, sodass ein strahlender Schweif entsteht, der hinter dem Kometen herströmt. Die Schweife der größten Kometen sind Millionen von Kilometern lang und so hell, dass sie von der Erde aus sichtbar sind.

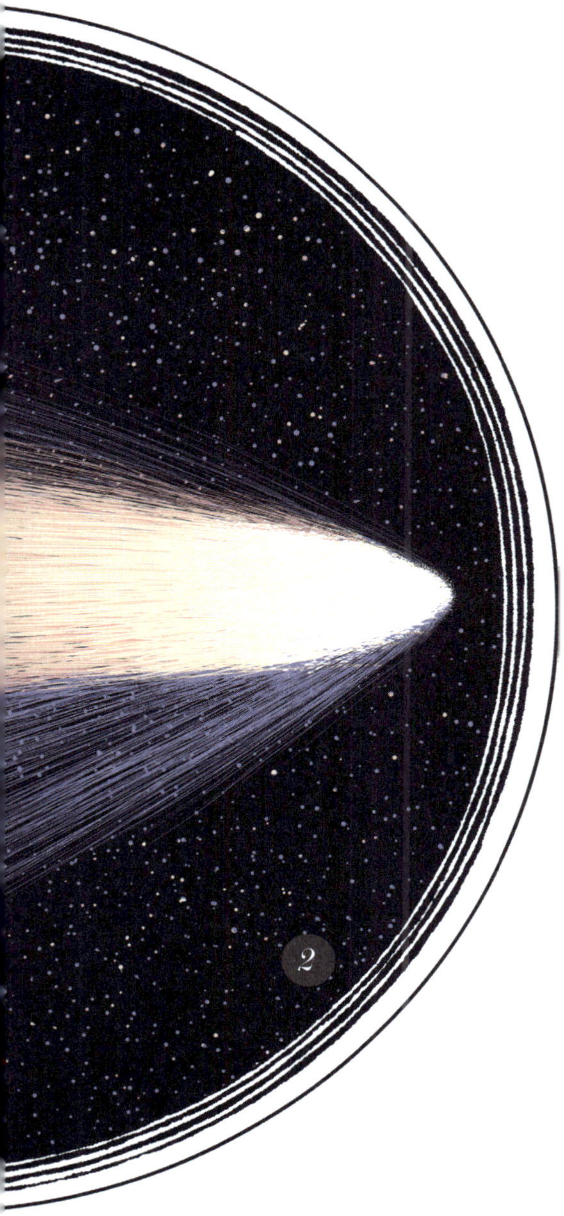

Asteroiden hingegen bestehen aus Metall und Gestein und sind unregelmäßig geformt, oft wie riesige Kartoffeln. Das liegt daran, dass ihre Gravitation nicht stark genug ist, um nach Zusammenstößen mit anderen Körpern wieder eine kugelförmige Gestalt herzustellen. Die größten Asteroiden umkreisen die Sonne in der Region zwischen Mars und Jupiter, die Asteroidengürtel genannt wird. Durch Kollisionen können Asteroiden aber aus ihrer Umlaufbahn und ins Sonnensystem hinaus katapultiert werden.

Auch Staub und viele kleinere Trümmerteile treiben durch unser Sonnensystem. Manchmal dringen erbsengroße Partikel interplanetarischen Materials in die äußeren Schichten der Erdatmosphäre ein und verglühen. Wir sehen sie als Sternschnuppen über den Himmel sausen. Alle festen Körper, die in unsere Atmosphäre eintreten, werden Meteoroide genannt. Wenn sie den Eintritt überstehen, nennen wir sie Meteoriten – es gibt sie in Kieselsteingröße, aber auch als 20 Tonnen schwere Felsbrocken.

Bildlegende

1: **Kometenkern**
Der Kern eines Kometen ist eine brüchige, schwammartige Struktur aus Eis und Staub, die durch Schwerkraft lose zusammengehalten wird. Er ist von einer Wolke aus Gas und Kleinstpartikeln namens Koma umgeben, die im Sonnenlicht leuchtet.

2: **Kometenschweif**
Wenn sich ein Komet der Sonne nähert, bilden sich zwei Schweife. Ein weißer Staubschweif, der sich unter dem Druck des Sonnenlichts biegt, und ein bläulicher Ionenschweif: Ultraviolettes Licht löst Elektronen aus den Koma-Atomen und der Sonnenwind weht das ionisierte Gas davon.

3: **Oortsche Wolke**
Die Oortsche Wolke ist eine Ansammlung eisiger Objekte im äußeren Bereich des Sonnensystems. Durch die Schwerkraft sich nähernder Sterne lösen sich Kometen aus der Wolke. In der Abbildung liegen die Sonne und alle Planeten innerhalb des gelben Punktes in der Mitte der Wolke.

Exoplaneten

Dank hochentwickelter Teleskope und Methoden haben Astronomen erstaunliche Welten jenseits unseres Sonnensystems entdeckt. Diese fernen Planeten werden Exoplaneten genannt. Sie umkreisen entfernte Sterne, so wie unser Planet die Sonne umrundet. Bislang wurden mehr als 3 500 Exoplaneten dokumentiert: von gigantischen Gasriesen, dicht an ihren Sonnen, bis zu Gesteinsplaneten in Neptun-Größe. Am faszinierendsten sind die erdähnlichen Exoplaneten, deren Bedingungen Leben ermöglichen könnten. Leben, wie wir es kennen, braucht flüssiges Wasser und ein bestimmtes Temperaturspektrum, weshalb Astronomen nach Planten in optimaler Entfernung zu ihren Sonnen suchen, sodass sie weder zu heiß noch zu kalt sind. Planeten in dieser „habitablen Zone" werden auf Zeichen von Sauerstoff, Ozon und Methan hin untersucht. Ein solcher Fund könnte bedeuten, dass wir nicht allein im Universum sind.

Einen Exoplaneten überhaupt zu finden, ist gar nicht so einfach, denn das helle Licht eines Sterns kann seine Planeten derart überstrahlen, dass diese durch Teleskope nicht zu sehen sind. Daher wenden Astronomen bei der Suche weniger direkte Methoden an, z.B. die Messung von Radialgeschwindigkeit: Die Schwerkraft von Planeten in ihrer Umlaufbahn lässt Sterne ein wenig schwanken. Unsere Sonne schwankt vor allem durch den Gravitationssog von Jupiter und Saturn. Indem sie das Schwanken eines Sterns beobachten, können Astronomen auf die Größe seiner Planeten schließen. Etwa so, als würdest du jemanden beobachten, der einen Hund spazieren führt, der an der Leine zieht. Ohne den Hund zu sehen, kannst du schätzen, wie groß er ist – nämlich daran, wie stark sein Besitzer schwankt!

Ein anderes Verfahren ist die Transitmethode: Sie beruht auf der Beobachtung des Helligkeitsverlaufs eines Sterns. Wenn ein Planet vor ihm herwandert, erscheint sein Licht ein wenig gedimmt. Etwa so, als müsstest du ein Glühwürmchen finden, das über einen Suchscheinwerfer krabbelt, indem du misst, wie es die Leuchtkraft des Scheinwerfers verringert. Aus 1 000 Kilometer Entfernung! Trotzdem schaffen es Astronomen auf diese Weise, Größe und Umlaufbahn von Exoplaneten zu bestimmen.

Bildlegende

1: **Janssen (55 Cancri e)**
Dieser Supererde-Exoplanet hat den doppelten Durchmesser unseres Planeten. Rund 40 Lichtjahre entfernt, kreist er im Sternbild Krebs so nahe um seinen sonnenähnlichen Stern 55 Cancri A, dass seine Tagestemperaturen zwischen 1 000 und 2 700 °C erreichen. Der lebensfeindliche Exoplanet ist vermutlich von Lavaströmen bedeckt und zeitweise von stetig austretenden Wolken aus flüssigem Gas und Staub völlig eingeschlossen. Forscher vermuten, dass er eine dicke Atmosphäre hat, die noch nicht durch die Strahlung seines Sterns abgebaut wurde.

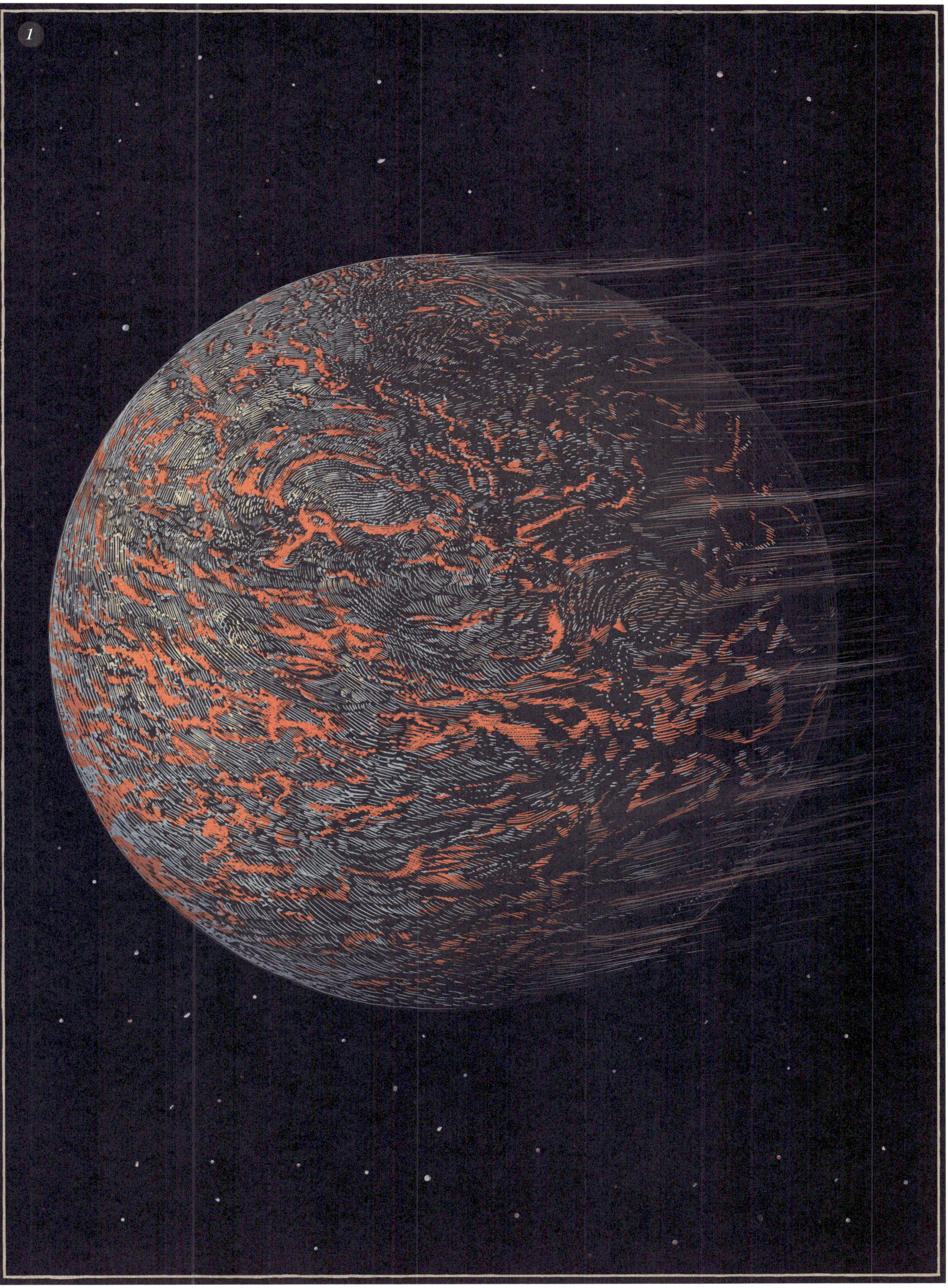
1

Saal 3

Die Sonne

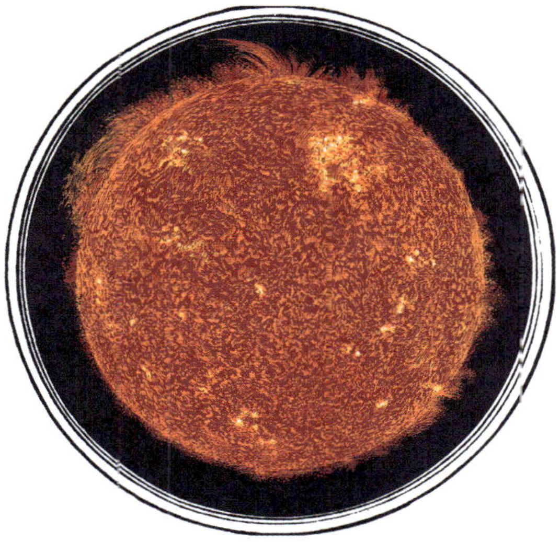

Die Sonne

Im Zentrum unseres Sonnensystems liegt die Sonne – ein gewöhnlicher Stern, der seit 4,6 Milliarden Jahren scheint. Wie alle Sterne ist er eine Kugel aus den dicht komprimierten Gasen Wasserstoff und Helium, die so heiß sind, dass sie sich in einem Aggregatzustand namens „Plasma" befinden: eine hochenergetische Mischung aus Elektronen und Ionen (Atome, die ihre Elektronen verloren haben). Die Strahlkraft der Sonne hat die Energie von Milliarden Tonnen explodierenden Dynamits pro Sekunde. Mit dem hundertfachen Durchmesser der Erde vereint sie 99,86 Prozent der gesamten Masse des Sonnensystems. Ihr verdankt sie ihr starkes Gravitationsfeld, das alles um sie herum in ihrer Umlaufbahn hält – vom größten Planeten bis zum kleinsten Gesteinsbrocken.

Aufgrund ihrer Dichte können wir nicht in ihre inneren Schichten blicken. Alles, was wir über das Innere der Sonne wissen, ist aus der genauen Beobachtung ihrer Oberfläche geschlossen. Zum Beispiel lauschen Astronomen der „Musik" der Sonne: akustische Pulse in Form gigantischer Wände aus Schall wandern durch die Sonne und bewegen sich durch die Oberfläche. So gerät die Sonne in Schwingung. Diese Schwingung ist messbar und gibt Aufschluss über die Bedingungen im Sonneninneren, z.B. dass sie aus verschiedenen Schichten besteht.

Die inneren Schichten der Sonne sind nicht so deutlich voneinander abzugrenzen wie die der Erde. Temperatur und Dichte verändern sich stufenweise über sechs Hauptzonen: Die Temperatur des Plasmas steigt von 6000 °C in der oberen sichtbaren Schicht auf 15 Millionen °C im Kern. Dort werden die Wasserstoffatome der Sonne durch die Gravitation zu einer 13 mal höheren Dichte zusammengepresst als die von Blei (eines der dichtesten Elemente auf der Erde). Unter diesen extremen Bedingungen fusioniert Wasserstoff zu Helium. Dieser als Kernkraft bekannte Prozess setzt eine enorme Menge an Energie frei – sie ist der „Motor" der Sonne, der sie scheinen lässt.

Bildlegende

1: **Die Schichten der Sonne**
a) Der Kern im Innersten macht rund 25 Prozent ihres Radius aus.
b) Beim Transport durch die Strahlungszone wird die Hitze vom Kern auf rund 2 Millionen °C abgekühlt.
c) Im brodelnden Kessel der Konvektionszone wird die Energie in Gasblasen nach außen getragen.
d) Die Photosphäre bildet die 400 km dicke sichtbare Oberfläche. Hier tritt das Sonnenlicht in den Weltraum aus.
e) Die Chromosphäre ist durch den hellen Lichtstrom der Photosphäre schwer erkennbar.
f) Die Korona (äußerste Atmosphärenschicht) besteht aus dünn verteiltem, bis zu 2 Millionen °C heißem Gas.

2: **Koronale Loops**
Koronale Loops können zwischen 2500 und 100000 km oberhalb der Sonnenoberfläche auftreten – gewaltige Bögen aus heißem Gas, die an beiden Enden in der Photosphäre verankert sind.

3: **Flares**
Flares sind kurzzeitige Helligkeitsausbrüche in hochmagnetischen Sonnenregionen. Flares der höchsten Klasse X stoßen etwa so viel Energie aus wie eine Million gleichzeitig explodierender Wasserstoffbomben.

4: **Sonnenflecken**
Diese vorübergehend auftretenden Flecken – manche so groß wie die Erde – erscheinen dunkel, weil sie kühler als die umgebende Photosphäre sind.

1
1f
1e
1d
1c
1b
1a
3
2
4

Die Verbindung von Sonne und Erde

Das Leben auf der Erde existiert nur, weil unser Planet in idealer Entfernung zur Sonne liegt. Aus 150 Millionen Kilometer Entfernung versorgt uns die Sonne mit dem optimalen Maß an Wärme und Licht für flüssiges Wasser, Pflanzen, fossile Energie und ein gemäßigtes Klima. Wäre sie weiter weg, würden wir erfrieren; wäre sie näher dran, würden wir verkochen. Über den Einfluss von Sonnenlicht und -wärme hinaus existiert eine enge Verbindung zwischen eruptiven Vorgängen auf der Sonne und Störungen in der Weltraumumgebung der Erde. Diese Schwankungen kann man sich als „Weltraumwetter" rund um unseren Planeten vorstellen.

Obwohl die Sonne für uns jeden Tag gleich aussieht, verändert sie sich ständig. Alle elf Jahre erreichen die energetischen Ereignisse auf ihrer Oberfläche einen Höhepunkt – dieses Aktivitätsmuster nennt man Sonnenfleckenzyklus. Während des Sonnenmaximums ist ihre Oberfläche von dunklen Sonnenflecken und gewaltigen Eruptionen übersät. Zu den mächtigsten gehören Flares, bei denen in magnetischen Feldern gespeicherte Energie abrupt in einem Ausbruch von Strahlung und elektrisch geladenen Teilchen ausgeworfen wird. Auch sogenannte Koronale Massenauswürfe, in deren Verlauf Plasma ausgestoßen wird, zählen zu den imposantesten solaren Ereignissen. Ein durchschnittlicher Massenauswurf der Sonne kann zusätzliche 1 500 Gigawatt Strom in die Erdatmosphäre einleiten.

Das durch Flares und Massenauswürfe ausgestoßene Material wird durch die Sonnenwinde durch das Sonnensystem transportiert und erreicht die Erde etwa zwei bis vier Tage nach der Eruption. Wenn die schnellen Partikel sich unserem Planeten nähern, beschleunigen sie sich entlang des magnetischen Felds der Erde und erreichen die obere Atmosphäre. Kollidieren die Sonnenpartikel hier mit den Gas-Atomen der Atmosphäre, schimmern diese farbig. So entstehen die Polarlichter, die als sichtbarstes Zeichen des Weltraumwetters über den magnetischen Polen der Erde flackern.

Bildlegende

1: **Magnetfelder**
Das Magnetfeld der Erde schafft eine „Magnetosphäre" um den Planeten, die uns von Sonnenpartikeln abschirmt. Der stetige Fluss von Partikeln namens Solarwind drückt die Magnetosphäre der Erde auf der Tagseite zusammen und zieht sie auf der Nachtseite auseinander. Ein großer Teil des Sonnenwinds wird auf diese Weise abgelenkt, aber wenn ein Sonnensturm auf die Erde trifft, durchbricht er die Magnetosphäre und öffnet sie ein wenig, sodass hochenergetische Teilchen über die magnetischen Pole in die Atmosphäre gelangen – sichtbar als Polarlichter.

2: **Sonnenfinsternis**
Eine totale Sonnenfinsternis tritt ein, wenn der Mond sich vor die Sonne schiebt und sie komplett verdeckt. Das ist nur möglich, weil der Mond 400 mal kleiner als die Sonne und die Sonne 400 mal weiter von der Erde entfernt ist als der Mond – eine einzigartige Fügung in unserem Sonnensystem. Manchmal verdeckt der Mond nur einen Teil der Sonne, dann spricht man von partieller Sonnenfinsternis.

3: **Die Korona der Sonne**
Bei einer totalen Sonnenfinsternis sehen wir einen hell leuchtenden weißen Lichtkranz rund um den schwarzen Kreis der verfinsterten Sonne: die Korona.

1

2

3

DIE SONNE

Der Tod der Sonne

Sterne leuchten nicht ewig: Sie werden geboren, leben und sterben. Auch unsere Sonne existiert nur so lange, wie ihre Energiequellen es zulassen. Momentan erhält die Sonne ihre Energie durch einen Prozess namens Kernfusion: Jede Sekunde werden in ihrem Inneren 700 Millionen Tonnen Wasserstoff in 695 Millionen Tonnen Helium umgewandelt. Wenn aber einst aller Wasserstoff in ihrem Kern in Helium umgewandelt worden ist, geht der Sonne der Treibstoff aus. Ihr Tod wird verheerende Auswirkungen auf das Sonnensystem haben.

Heute, fast 4,6 Milliarden Jahre nach ihrer Geburt, steht die Sonne in der Mitte ihres Lebens. In etwa 5 Milliarden Jahren wird keine Kernfusion in ihrem Inneren mehr möglich sein: der Anfang vom Ende unseres Sterns. Wenn aller Wasserstoff des Kerns in Helium umgewandelt worden ist, kommt der Wasserstoff der äußeren Schichten zum Einsatz. Die Sonne wird dann zwar noch scheinen, aber ohne aktiven Kern wird sie langsam unter ihrer eigenen Schwerkraft kollabieren. Der Druck, der durch dieses

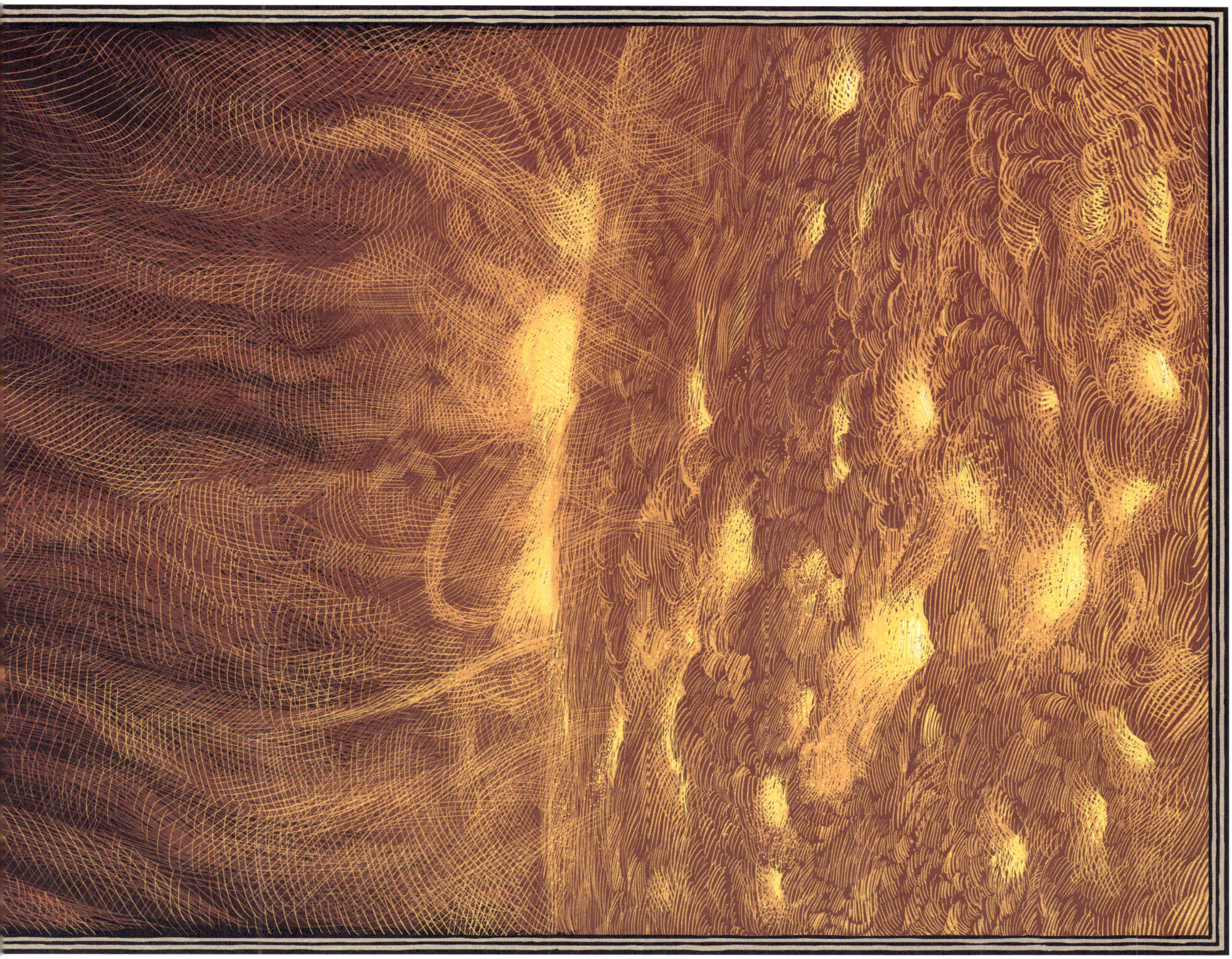

Zusammenziehen entsteht, wird zusätzliche Energie und Hitze freisetzen und die Sonne zu einem sogenannten „Roten Riesen" aufblähen.

In diesem Zustand wird sie voraussichtlich fast 300 mal so groß sein wie jetzt. Merkur und Venus werden von ihr verschluckt, die Erde versengt. Damit verschiebt sich die habitable Zone unseres Sonnensystems: Während die Erde nicht länger bewohnbar sein wird, wärmt sich ein großer Teil des äußeren Sonnensystems auf. Einstmals eisige Welten tauen auf, flüssiges Wasser entsteht auf ihrer Oberfläche. Möglicherweise wird so der Zwergplanet Eris unser neues Zuhause.

Bildlegende

1: **Die Sonne als Roter Riese**
Wenn sich die Sonne in 5 Milliarden Jahren zu einem Roten Riesen aufbläht, wird sie nach Berechnungen der Astronomen Merkur und Venus schlucken. Selbst wenn sie vor unserem Planeten Halt macht, wird ihre Nähe die Erde verbrennen. Ihre rote Gestalt wird den halben Himmel bedecken, die Ozeane verdampfen und alles Leben vernichten, während die Erde sich in einen geschmolzenen Gesteinskörper verwandelt. Glücklicherweise liegt dieses Szenario Milliarden von Jahren in der Zukunft – Zeit genug, Technologien zu entwickeln, um die Erde zu verlassen und eine neue Heimat zu finden.

Saal 4

Der Nachthimmel

DER NACHTHIMMEL

Der Nachthimmel

Ein leuchtender Sternenhimmel ist eines der herrlichsten Wunder der Natur. In einer klaren, mondlosen Nacht, weit weg von den Lichtern der Stadt, können wir mit bloßem Auge etwa 2000 funkelnde Sterne sehen. Ohne jedes technische Hilfsmittel erkennen wir die drei Hauptmerkmale der Sterne.

Erstens: Sterne sind nicht alle gleich hell. Da sie sich stark in Größe und Energieausstoß unterscheiden und die leistungsstärkeren Sterne mehr Licht aussenden, erscheinen sie aus der Ferne heller. Andere Sterne wirken aber nur deshalb von der Erde aus gesehen heller, weil sie uns näher sind – die Sonne ist das beste Beispiel.

Zweitens: Sterne haben nicht alle die gleiche Farbe. Die meisten erscheinen weiß, aber einige haben einen rötlichen, blauen oder gelben Farbton, je nach Oberflächentemperatur: Heißere Sterne sehen blau aus, während kühlere rötlich wirken. Hier besteht Verwechslungsgefahr mit den besser sichtbaren farbigen Planeten. Merkur, Venus, Mars, Jupiter und Saturn sind alle mit bloßem Auge erkennbar – Merkur hat einen gelben Farbton, Venus ist silbrig, Mars ist bekannt als „roter Planet", Jupiter scheint weißlich und

Saturn gelblich. Weil sie das Sonnenlicht reflektieren, wirken die Planeten manchmal heller als Sterne, aber sie funkeln nicht.

Drittens sind die Sterne nicht gleichmäßig über den Himmel verteilt. Einige der helleren Sterne scheinen in Gruppen zusammenzustehen und bilden Muster, die wir Sternbilder nennen. Auch wenn sie anscheinend zusammengehören, haben die Sterne eines Sternbilds meistens keinerlei Verbindung. Sie können unendlich weit voneinander entfernt sein und nur durch Zufall von der Erde aus gesehen ein Muster bilden. Alle Sterne bewegen sich langsam in verschiedenen Umlaufbahnen. Aufgrund ihrer großen Entfernung dauert es allerdings sehr lange, bis wir die Bewegung wahrnehmen. In ein paar Hunderttausend Jahren werden sie sich so weit bewegt haben, dass ihre Konstellationen sich verändern. Die Beobachter des Nachthimmels der fernen Zukunft werden also neue Sternbilder erstellen müssen!

Bildlegende

1: **Ansicht des Nachthimmels**
Der sternklare Nachthimmel bietet wundervolle Anblicke. Zu bestimmten Zeiten im Jahr sehen wir unsere Galaxie, die Milchstraße, als Sternenbogen, der sich über den Himmel erstreckt. Das blasse Band aus Licht wirkt von der Erde aus wie ein milchiger Streifen, daher ihr Name. Übers Jahr verteilt treten auch spektakuläre Meteorschauern mit einer Vielzahl Sternschnuppen auf, darunter die Orioniden (später Oktober), die Leoniden (November), die Geminiden (Mitte Dezember) und die Lyriden (Mitte April).

Sternbilder der nördlichen Hemisphäre

Seit jeher haben die Menschen Muster in den Sternen gesehen. Die Linien zwischen den hellsten Punkten schienen Götter und Helden, wilde Lebewesen und mystische Ungeheuer darzustellen: Formen, die als Sternbilder bekannt sind. Selbst entfernte Zivilisationen erkannten in ihnen dieselben Figuren: So sahen die alten Chinesen im Sternbild, das die Griechen mit Orion, dem großen Jäger, identifizierten, auch ihren größten Jäger oder Krieger namens Shen. Im alten Ägypten wurde das Sternbild dem Pharao Unas zugeordnet, in Ungarn einem magischen Bogenschützen. Es gibt aber auch Beispiele für völlig unterschiedliche Interpretationen eines Sternbilds. Die sieben hellsten Sterne im Großen Bären werden in England „Der Pflug“ genannt, in Deutschland „Großer Wagen“, in Amerika „Große Schöpfkelle“, in Frankreich „Große Stielpfanne“, während sie für die Maya einen mythologischen Papagei darstellten und die Hindu-Folklore sie als „Sieben Rishis“ (weise Männer) und die Chinesen als Wagen für den Herrscher des Himmels wahrnahmen.

Im frühen 20. Jahrhundert waren so viele Sternbilder in Gebrauch, dass die Internationale Astronomische Union (IAU) 88 offizielle Sternbilder des Nord- und Südhimmels benannte. Diese offiziellen Sternbilder haben exakt ineinandergefügte Grenzen wie ein Puzzle. Sie erfüllen bis heute einen praktischen Zweck, da Astronomen Sternbilder benutzen, um Objekte am Himmel zu lokalisieren. Die sichtbarsten Sterne tragen den Namen des Sternbilds, in dem sie stehen, und zudem einen griechischen Buchstaben, der ihre Helligkeit angibt. Beta Orionis ist beispielsweise durch den zweiten Buchstaben Beta im griechischen Alphabet und das Sternbild Orion bezeichnet – er ist also der zweithellste Stern im Sternbild Orion.

Einer der bekanntesten Sterne des Nordhimmels ist Polaris, auch Polarstern genannt. Seine systematische Bezeichnung lautet Alpha Ursae Minoris. Obwohl er nur etwa Platz 50 der Liste der hellsten Sterne einnimmt, hat er große Bedeutung für die Navigation, da er fast gänzlich unbewegt nahe des nördlichen Himmelspols steht – der Punkt, um den sich der Nordhimmel zu drehen scheint. Er weist also immer den Weg nach Norden!

Bildlegende

1: **Sternbilder am Nordhimmel**

Sternkarten wie diese waren typisch für die Astronomie des 16. bis 18. Jahrhunderts. Die Karten dienten nicht nur der Navigation und dem Studium, sondern waren Kunstobjekte von großer Schönheit. Auch wenn diese Darstellungen mit moderner Wissenschaft wenig zu tun haben, sind sie ein wertvoller Teil des kulturellen Erbes der Astronomie. Diese Karte zeigt viele klassische mythologische Motive, beispielsweise einen Löwen im Sternbild Leo. Unten rechts ist Pegasus, das geflügelte Pferd, zu bestaunen.

1

Sternbilder der südlichen Hemisphäre

Die südliche Hemisphäre bietet die besten Sternbeobachtungsmöglichkeiten der Welt. Hier kann man sehen, wie sich der Bogen der Milchstraße von Horizont zu Horizont erstreckt, und sogar zwei unserer Nachbargalaxien erkennen: die Große und die Kleine Magellansche Wolke. In der südlichen Hemisphäre leuchten auch die drei hellsten Sterne unseres Nachthimmels: Sirius, Canopus und Alpha Centauri (der nächste Stern zur Sonne). Canopus ist Teil des bekannten Sternbilds Carina. Zu dieser spektakulären Ansammlung von rund 300 Sternen gehört auch der riesige Eta Carinae, der in Tausenden von Jahren in einer Supernova sterben wird, und der Carinanebel, ein großes, helles Gebiet, in dem ständig Sterne geboren werden.

Die indigenen Völker Australiens, Neuseelands und Ozeaniens gehörten zu den ersten Menschen, die Objekte am Nachthimmel benannten. Die Mehrheit der südlichen Sternbilder, die von der IAU aufgegriffen wurde, stammte allerdings von europäischen Entdeckern des 16. Jahrhunderts. Zu dieser Zeit waren Sternkarten sehr wichtig, da Sterne die einzige Navigationshilfe auf offenem Meer boten. Eines der wichtigsten Sternbilder war das Kreuz des Südens. Zwar ist es das kleinste der 88 IAU-Bilder, aber seine vier Hauptsterne leuchten ungewöhnlich hell. Und es ist das ganze Jahr über sichtbar. Das Kreuz des Südens ziert die Flaggen vieler Staaten, u.a. Australien, Neuseeland, Papua-Neuguinea, Samoa und Brasilien. Eine seiner Besonderheiten ist ein Sternhaufen namens „Herschels Schmuckkästchen": Durch ein Teleskop betrachtet, zeigt er rund 100 rote und blaue Sterne.

Bildlegende

1: **Sternbilder am Südhimmel**
Ein bekanntes Sternbild dieser Karte des Südhimmels ist Zentaur (rechts in der Mitte) – ein mythologisches Wesen, halb Mensch (Oberkörper) halb Tier (Pferd). In der Mythologie der alten Griechen war der Zentaur Chiron ein weiser und gerechter Lehrer. Wassermann ist eines der am frühesten dokumentierten Sternbilder (links oben). Es ist das zehntgrößte Sternbild am Himmel, aber schwer erkennbar, da es keine besonders hellen Sterne enthält. Auch das Sternbild Wasserschlange fällt ins Auge, denn auf dieser Karte ist es das größte von allen. Die Wasserschlange windet sich rechts durchs Bild, die Schwanzspitze über dem Kopf von Zentaur. Vom linken unteren Rand bis zur Mitte verläuft das getupfte Band der Milchstraße.

1

Saal 5

Die Sterne

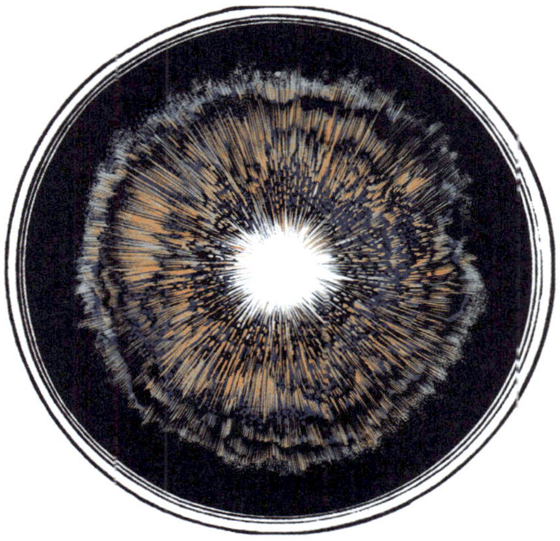

Sterntypen

Im Universum gibt es mindestens Tausend Milliarden Billionen Sterne: riesige glühende Kugeln, die Wärme, Licht und andere Strahlung erzeugen. Von der Erde aus wirken alle Sterne ähnlich, tatsächlich unterscheiden sie sich aber enorm in Größe (Durchmesser), Masse, Temperatur, Farbe, Helligkeit (Energieausstoß) und Alter.

Weil es so viele Arten von Sternen gibt, haben Wissenschaftler Wege entwickelt, um sie zu kategorisieren. Zunächst werden sie nach ihrer Oberflächentemperatur als Typ O, B, A, F, G, K oder M in ein System eingestuft, das auf die Astronomin Annie Jump Cannon zurückgeht. O-Typ-Sterne sind die heißesten, M-Typ-Sterne die kältesten. Die Temperatur hat einen Einfluss auf die Farbe: die heißesten Sterne erscheinen blau, die kältesten rot.

Sterne werden außerdem nach ihrer Größe in Zwerge, Riesen oder Über- bzw. Hyperriesen unterteilt. Unser Stern, die Sonne, ist ein Zwergstern des Typs G. Es gibt aber noch viel kleinere Sterne im Universum: Der kleinste unter ihnen – der Zwerg EBLM J0555-57Ab – ist nur wenig größer als der Planet Saturn. Zu den größten gehört der Hyperriese NML Cygni: Er ist rund 5 300 Lichtjahre von der Erde entfernt und 1 650 mal größer als die Sonne. Stünde er im Zentrum unseres Sonnensystems, würde er sich über die Umlaufbahn des Jupiter hinaus erstrecken.

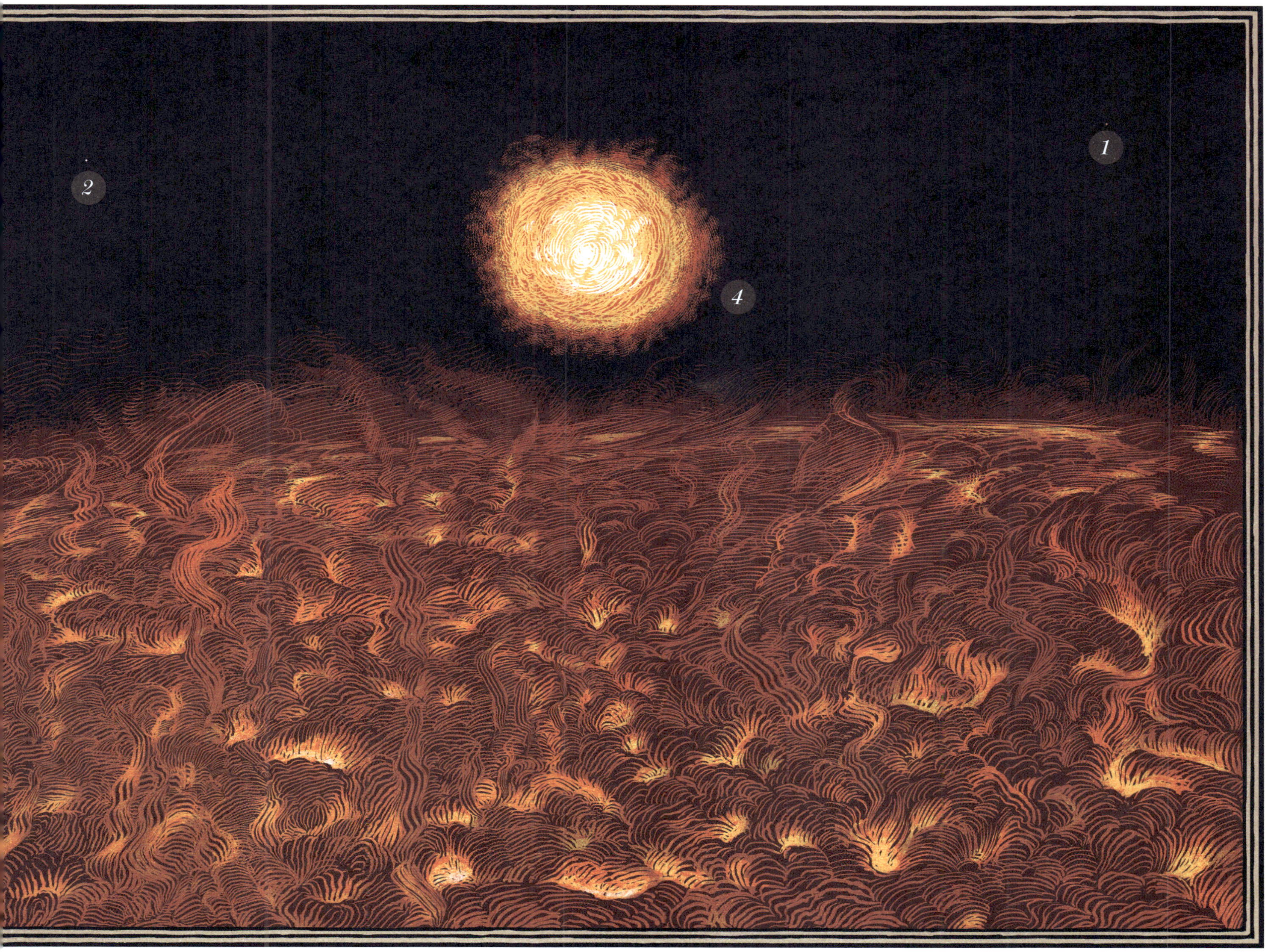

Da Sterne einen Lebenszyklus haben, lassen sie sich auch nach Alter einordnen: neu entstandene, reife, alte und sterbende Sterne. Länge und Form eines Sternenlebens werden durch die Masse bestimmt, mit der ein Stern geboren wird: Die schwersten Sterne leben am kürzesten.

Bildlegende

1: **Brauner Zwerg**
Oberflächentemperatur:
1 000–2 000 °C
Radius: 0,05–0,12-facher Sonnenradius (1 Sonnenradius = Radius der Sonne = 695 700 km)
Energieausstoß: 0,00001-fache Sonnenemission

2: **Weißer Zwerg**
Oberflächentemperatur: 4.000–150 000 °C
Radius: 0,008–0,2-facher Sonnenradius
Energieausstoß: 0,000 –100-fache Sonnenemission

3: **Gelber Zwerg**
Oberflächentemperatur:
5 000–7 000 °C
Radius: 0,96–1,4-facher Sonnenradius
Energieausstoß: 0,6–5,0-fache Sonnenemission

4: **Roter Riese**
Oberflächentemperatur:
7 000–9 000 °C
Radius: 20–100-facher Sonnenradius
Energieausstoß: 100–1 000-fache Sonnenemission

5: **Blauer Riese**
Oberflächentemperatur:
10 000–20 000°C
Radius: 100–2 000-facher Sonnenradius
Energieausstoß: 1 000–800 000-fache Sonnenemission

6: **Roter Überriese**
Oberflächentemperatur:
3 000–5 000°C
Radius: 100–2 000-facher Sonnenradius (meist größer als Blaue Riesen)
Energieausstoß: 1 000–800 000-fache Sonnenemission

Geburt eines Sterns

Jeder Stern hat ein Geburtsdatum und einen Geburtsort. Sterne entstehen in Wolken aus Gas und Staub, sogenannten Nebeln: Sternenkinderzimmer, die eine große Anzahl neu gebildeter Sterne enthalten können. Durchschnittlich werden in unserer Milchstraße drei Sterne pro Jahr geboren, aber andere Galaxien haben deutlich produktivere Sternfabriken, die jährlich Hunderte oder sogar Tausende neuer Sterne hervorbringen.

Kosmische Nebel bestehen meist aus Wasserstoff und Helium sowie mikroskopisch kleinen Staubpartikeln. Solche Wolken existieren über Millionen von Jahren unveränderlich, aber wenn sie gestört werden, zum Beispiel durch die Schockwellen einer Sternexplosion in der Nähe, beginnt die Sternproduktion. Durch die Störung kollabiert die Wolke unter ihrer eigenen Schwerkraft, schrumpft in der Größe und beginnt, sich schneller und schneller zu drehen. Ihre äußeren Teile dehnen sich zur Scheibe, während die innere Region einen annähernd kugelförmigen Ball bildet. Dieser Ball heizt sich zunehmend auf und formt schließlich einen Kern, den man Protostern nennt. Weil Protosterne von Gas- und Staubresten ihrer Nebel eingehüllt sind, sind sie im Spektrum von sichtbarem Licht schwer auszumachen. Deshalb nutzen Astronomen Infrarot-Teleskope, wenn sie die Frühstadien einer Sterngeburt beobachten wollen.

Etwa 100 000 bis 1 Million Jahre nach seiner Entstehung löst sich der Staubschleier in der zunehmenden Hitze des Protosterns so weit auf, dass er in sichtbarem Licht erkennbar wird. Ab rund 15 Millionen °C Temperatur im Inneren werden Kernschmelze-Reaktionen ausgelöst, bei der Atome verschmelzen und ungeheure Mengen Energie ausstoßen: Der Stern entzündet sich und beginnt zu leuchten.

Die meisten Sterne werden zunächst weiterhin von Material aus ihrem früheren Nebel umkreist. Die Elemente rotieren als flache, heiße Scheibe um den Stern. Je mehr er sich stabilisiert, desto mehr kühlen sie ab und klumpen schließlich zusammen. Über Millionen Jahre können aus diesen Klumpen Planetenvorläufer entstehen, sogenannte „Planetesimale".

Bildlegende

1: **Der Orionnebel**
Der fast 1 350 Lichtjahre von uns entfernte Nebel im Sternbild Orion ist ein wunderbares Beispiel einer aktiven sternbildenden Region im All. Er enthält eine große Anzahl neu formierter Sterne, deren Strahlung die Nebelstruktur erhellt. Der Orionnebel erstreckt sich über 40 Lichtjahre und ist mit bloßem Auge von sehr dunklen Orten der Erde aus erkennbar. Im Verlauf der nächsten 100 000 Jahre wird er nach und nach verschwinden, da er sich unter der Strahlung und Energie der neu gebildeten Sterne auflöst.

1

Der Lebenszyklus von Sternen

Das Leben eines jeden Sterns ist geprägt vom Kampf zwischen der Schwerkraft, die von außen nach innen drückt, und dem Druck heißer Gase, der von innen nach außen wirkt. Solange beide Kräfte im Gleichgewicht sind, ist der Stern stabil. Aber für jeden Stern kommt der Moment, in dem sein Treibstoffvorrat zu Ende geht: Seine Energieproduktion endet, die Schwerkraft übernimmt die Kontrolle und der Stern tritt in die letzte Phase seiner Existenz ein. Zeitpunkt und Art und Weise seines Sterbens werden durch die Geburtsmasse bestimmt: Leichte, mittelschwere und sehr schwere Sterne durchlaufen unterschiedliche Lebenszyklen.

Leichte Sterne mit 0,8- bis 8-facher Masse der Sonne überdauern mehrere Milliarden Jahre in der stabilen Phase, in der sie durch Umwandlung von Wasserstoff in Helium Energie produzieren. Wenn der Wasserstoffvorrat aufgebraucht ist, blähen sie sich auf und verwandeln sich in Rote Riesen. Einige Millionen Jahre später zerstreuen sich ihre äußeren Hüllen in einem kosmischen Nebel ins Weltall. Übrig bleibt nur noch der durch die Schwerkraft etwa auf die Größe der Erde zusammengedrückte Kern – ein Weißer Zwerg.

Mittelschwere Sterne besitzen die 8- bis 20-fache Masse der Sonne. Ihre Entwicklung verläuft viel schneller als die der leichten Sterne – ihre stabile Phase dauert kaum eine Milliarde Jahre, bevor ihnen der nukleare Treibstoff ausgeht. Dann verwandeln sie sich in Superriesen von enormer Leuchtkraft. Das Ende dieser Giganten wird durch eine zerstörerische Supernova-Explosion ausgelöst, die die äußeren Hüllen des Sterns wegsprengt. Zurück bleibt ein unvorstellbar dichter Kern namens Neutronenstern.

Die schwersten Sterne weisen die 20-fache Masse der Sonne auf. Innerhalb weniger Millionen Jahre verbrauchen sie durch Kernfusion ihren gesamten Treibstoffvorrat, bevor sie sich in kürzester Zeit zu gigantischen Blauen Riesen aufblähen, die ebenso schnell infolge einer Supernova-Explosion wieder kollabieren. Ihr Lebenszyklus endet mit der Entstehung eines Schwarzen Lochs.

Bildlegende

1: **Kosmische Nebel**
Jeder Stern wird durch den Kollaps einer Gaswolke in einem Nebel geboren.

2: **Protostern**
Eine weite, flache Scheibe stellaren Materials umkreist den werdenden Stern.

3: **Lebenszyklus leichter Stern**
a) Der Stern tritt in die stabile Hauptreihenphase ein, während der er Energie durch Umwandlung von Wasserstoff zu Helium produziert.
b) Nach vielen Millionen Jahren ist der Wasserstoffvorrat im Kern aufgebraucht und der Stern wird zum Roten Riesen.
c) Sein Kern kollabiert, die äußeren Hüllen blähen sich auf und verteilen sich in kosmische Nebel.
d) Übrig bleibt der komprimierte Kern: ein Weißer Zwerg.

4: **Lebenszyklus mittelschwerer Stern**
a) Der Stern tritt in die Hauptreihe ein, verbraucht seinen Treibstoff aber schnell.
b) Wenn der Vorrat leer ist, bläht er sich zu einem Roten Superriesen auf.
c) Der Stern explodiert in einer Supernova.
d) Zurück bleibt ein sehr dichter Kern namens Neutronenstern.

5: **Lebenszyklus schwerer Stern**
a) Der Stern tritt in die Hauptreihe ein.
b) Wenn sein Treibstoff aufgebraucht ist, bläht er sich zu einem Blauen Riesen auf.
c) Der Stern explodiert in einer Supernova.
d) Ist der verbleibende Stern größer als die dreifache Sonnenmasse, entsteht aus ihm ein Schwarzes Loch.

1
2
3a
3b
3c
3d
4a
4b
4c
4d
5a
5b
5c
5d

Tod eines Sterns

Nachdem Sterne ihren Lebenszyklus beendet haben, bleiben drei Formen von Endstadien zurück: Weiße Zwerge, Neutronensterne und Schwarze Löcher. Sie alle gehören zu den eigenartigsten Objekten im Weltraum, in denen sich Materie unter extremsten Bedingungen sammelt.

Die meisten Sterne im Universum gehören zum leichten Typ und beenden ihr Leben als Weißer Zwerg. Diese dichten Objekte enthalten etwa die Masse der Sonne, zusammengepresst in eine erdgroße Kugel. Ein Teelöffel Masse eines Weißen Zwergs würde auf der Erde 5 Tonnen wiegen. Während Weiße Zwerge über Millionen von Jahren abkühlen, kristallisiert der Kohlenstoff in ihrem Inneren langsam zu Diamant. Kühlen diese Diamanten weiter aus, werden sie blasser, bis sie als Schwarze Zwerge gar kein Licht mehr abstrahlen.

Neutronensterne entstehen nach der Supernova-Explosion eines schweren Sterns. Die Schwerkraft pressst den Sternriesen zu einer Kugel aus Neutronen (Teilchen ohne Ladung) von kaum 10 Kilometer Durchmesser. Die Kugel ist um so vieles dichter als ein Weißer Zwerg, dass ein Teelöffel ihrer Masse auf der Erde 10 Millionen Tonnen wiegen würde! Unter dem immensen Druck beginnt der Neutronenstern, sich unglaublich schnell – mehr als 50 Mal pro Sekunde – zu drehen, und entwickelt ein extrem starkes Magnetfeld.

Wenn die allerschwersten Sterne in einer Supernova explodieren, hat das zurückbleibende Objekt mehr als die fünffache Sonnenmasse. Keine Kraft könnte ein solches Objekt zusammenhalten, und so kollabiert es zum bemerkenswertesten Stern-Endstadium: einem Schwarzen Loch.

Bildlegende

1: **Der Krebsnebel heute**
Der Krebsnebel ist der Überrest einer Supernova, die im Jahr 1054 beobachtet wurde. Was wir heute sehen, ist das Gas, das durch die Detonation ins All geschleudert wurde. Der Nebel erstreckt sich über 10 Lichtjahre und enthält eine Vielzahl chemischer Elemente, die vor der Explosion im Inneren des Sterns eingeschlossen waren. Verstreut im Weltraum, dienen diese Elemente als Rohmaterial einer neuen Generation Sterne.

2: **Entstehung des Krebsnebels**

a) **Supernova-Explosion**
Der massereiche Stern kollabiert unter der Schwerkraft und Gasmassen werden in einer Explosion von seinem Kern abgesprengt. Die Schockwellen breiten sich mit bis zu 200 Millionen km/h aus.

b) **Nachwirkungen der Explosion**
Die Supernova-Schockwelle trifft auf die Gas- und Staubwolken, die vom Stern rund 20 000 Jahre vor seinem Tod freigesetzt wurden. Diese Materie-Ringe werden aufgeheizt und beginnen zu glühen.

c) **Die Supernova-Überreste**
Selbst Hunderte Jahre nach der Explosion verteilen sich Gas und Staub weiter in den Weltraum. Das Gas bildet neue Nebel, die sich wiederum in brandneue Sterne verwandeln werden.

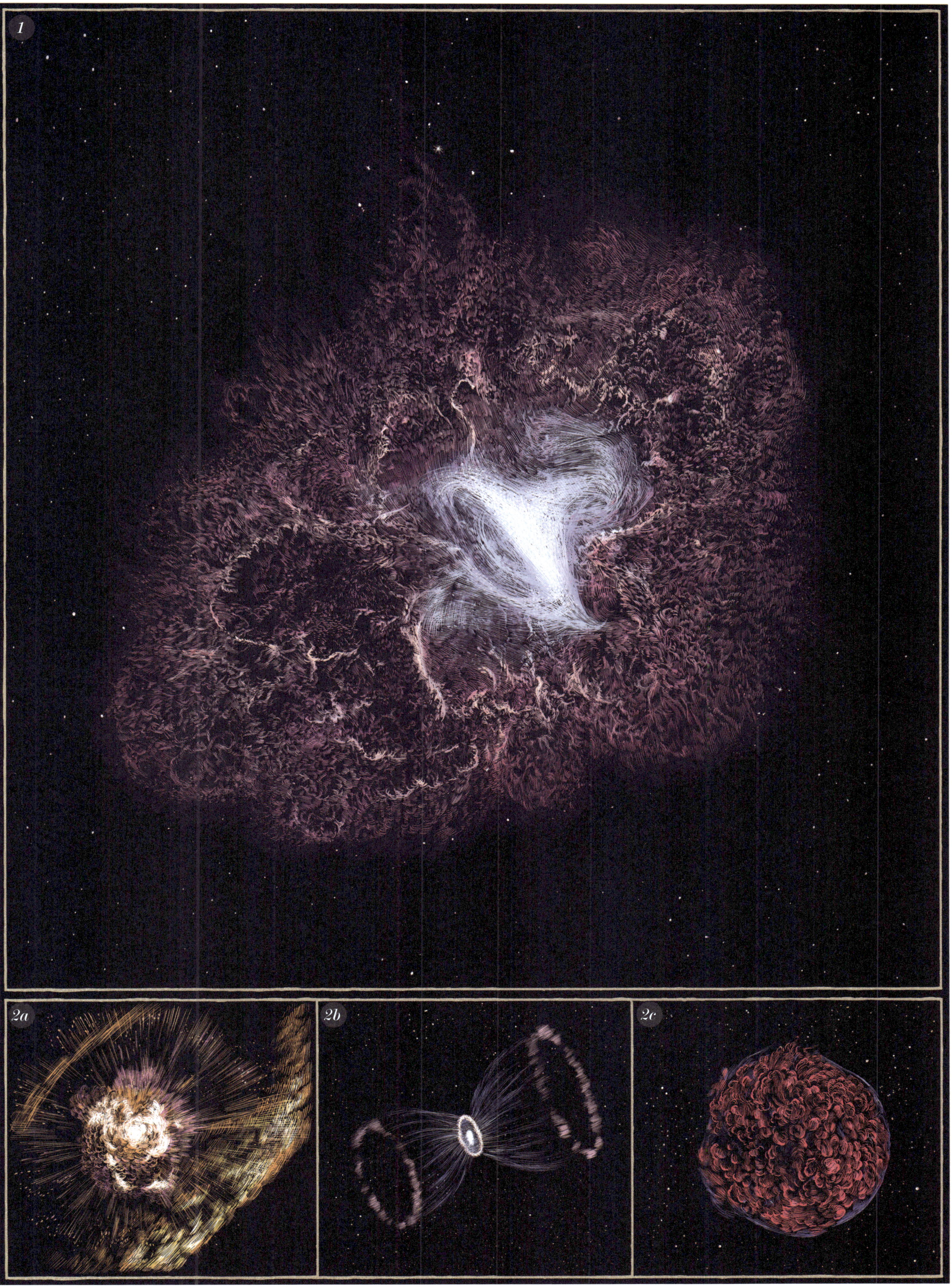
1
2a
2b
2c

Schwarze Löcher

Schwarze Löcher sind so faszinierend wie geheimnisvoll. Wir können sie nicht sehen, aber wir wissen: Käme ein Mensch einem Schwarzen Loch zu nahe, würde er von seiner Anziehungskraft verschluckt, langgezogen wie Spaghetti und in einer Feuerwand verbrannt. Dieses Schicksal ereilt jedes Objekt – ob Planet oder Stern –, das den Rand bzw. den „Ereignishorizont" eines Schwarzen Lochs kreuzt.

Ein Schwarzes Loch entsteht, wenn ein Stern mit mehr als 20-facher Sonnenmasse in einer Supernova explodiert. Der zurückbleibende Kern ist zu groß, um einen vergleichsweise stabilen Neutronenstern zu formen. Stattdessen kollabiert der Kern (mit bis zu 5-facher Sonnenmasse) in ein unfassbar dichtes Gebiet – ein Schwarzes Loch. Es ist so massereich und dreht sich so schnell, dass es den Raum um sich herum krümmt und nichts, nicht einmal Licht, ihm entkommen kann.

Trotz ihrer enormen Anziehungskraft darf man sich Schwarze Löcher nicht als Riesen-Staubsauger vorstellen, die das gesamte Universum verschlingen. Nur Materie, die ihnen sehr nahe kommt, wird von ihrer Gravitation und dem gekrümmten Raum um sie herum erfasst. Wäre die Sonne ein Schwarzes Loch, fiele nicht die Erde hinein, sondern nur Objekte, die ihm näher als 3 Kilometer kämen.

Schwarze Löcher strahlen weder Licht aus, noch reflektieren sie es – daher sind sie komplett unsichtbar. Dass Wissenschaftler dennoch von ihrer Existenz wissen, liegt daran, dass sie ihre Auswirkungen auf nahe Sterne beobachten können. Das ist möglich, weil es Sterne gibt, die als Paare geboren werden: Doppelsterne. Am Ende ihres Lebenszyklus kann einer der beiden ein Schwarzes Loch bilden, während der andere ein normaler Stern bleibt. Dann sehen wir, wie dieser Stern um ein unsichtbares Objekt kreist, das nur ein Schwarzes Loch sein kann.

Forscher haben auch spezielle Wellen – sogenannte Gravitationswellen – entdeckt, die entstehen, wenn zwei Schwarze Löcher kollidieren. Diese Wellen sind auf der Erde mittels riesiger Detektoren wie die des Observatoriums LIGO (Laser Interferometer Gravitational-Wave Observatory) in den USA messbar. Form und Größe der gemessenen Wellen verraten, dass irgendwo im Universum Schwarze Löcher von 20-facher Sonnenmasse ineinanderkrachen.

Bildlegende

1: **Schwarzes Loch**
Wenn ein Schwarzes Loch und ein Stern als Paar umeinander kreisen, kann durch die Gravitationskraft des Schwarzen Lochs Materie vom normalen Stern weggerissen werden. Sie wirbelt zum Schwarzen Loch und wird auf mehrere Millionen °C aufgeheizt. Bevor sie hineinfällt, strahlt die heiße Masse große Mengen Röntgenstrahlen aus, die wir mit Teleskopen messen können. So können Forscher darauf schließen, dass ein Schwarzes Loch die Materie anzieht. Da noch niemand je ein Schwarzes Loch gesehen hat, beruht unsere Vorstellung von ihrer Beschaffenheit allein auf solchen indirekten Beobachtungen.

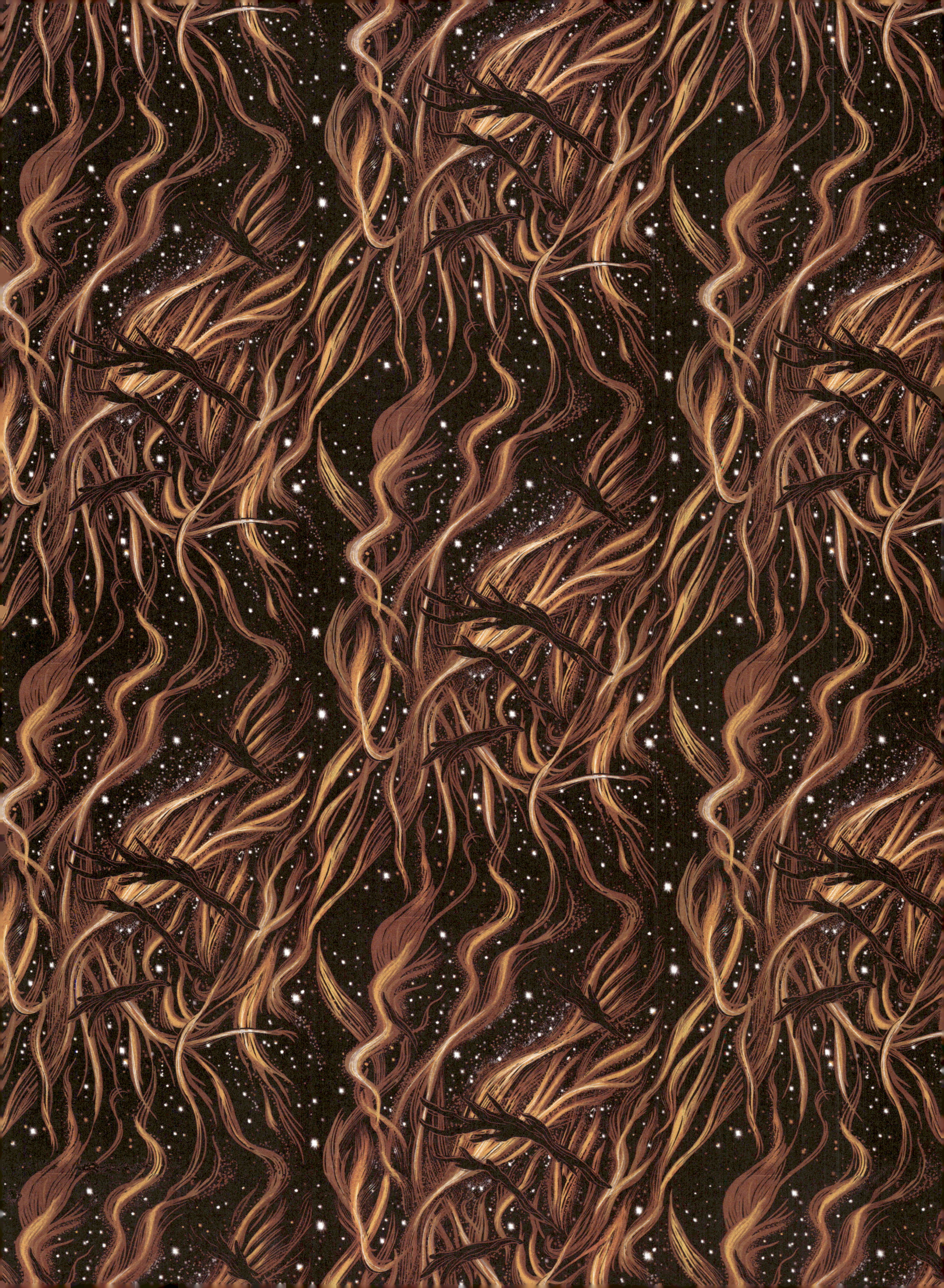

Saal 6

Galaxien

Galaxientypen
Die Milchstraße
Kosmische Kollisionen
Galaxienhaufen

Galaxientypen

Im ganzen Universum gibt es schätzungsweise 2000 Milliarden Galaxien – gewaltige Ansammlungen von Sternen, Gas und Staub, zusammengehalten durch Schwerkraft. Aus ihrer Vielfalt in Form und Größe lassen sich drei Haupttypen bestimmen: Spiralgalaxien, Elliptische Galaxien und Irreguläre Galaxien.

Der gängigste Typ ist die Spiralgalaxie: 75 Prozent aller Galaxien, auch unsere Milchstraße, gehören ihm an. Sie besitzen einen beinahe kugelförmigen Zentralbereich („Bulge") mit alten roten und gelben Sternen – und in einigen Fällen einem massiven Schwarzen Loch. Um das Zentrum herum erstreckt sich eine flache Scheibe aus Gas, Staub und jungen, hellen Sternen, aus der manchmal sogenannte Spiralarme aus Materie herausragen, die der Galaxie ein windradähnliches Aussehen verleihen. Eingebettet ist die Galaxie in eine kaum sichtbare, kugelförmige Hülle aus alten Sternen, die man „Halo" nennt.

Die zweithäufigste Art sind eiförmige Elliptische Galaxien. Sie enthalten vor allem alte Sterne und verfügen über wenig Staub und Gas zur Bildung neuer Sterne. Ihre Größe variiert stark: Von Zwergen mit wenigen Tausend Sternen bis zu einigen der größten Galaxien überhaupt. Diese können bis zu 300 Millionen Lichtjahre groß sein und 100 Billionen Sternen beinhalten.

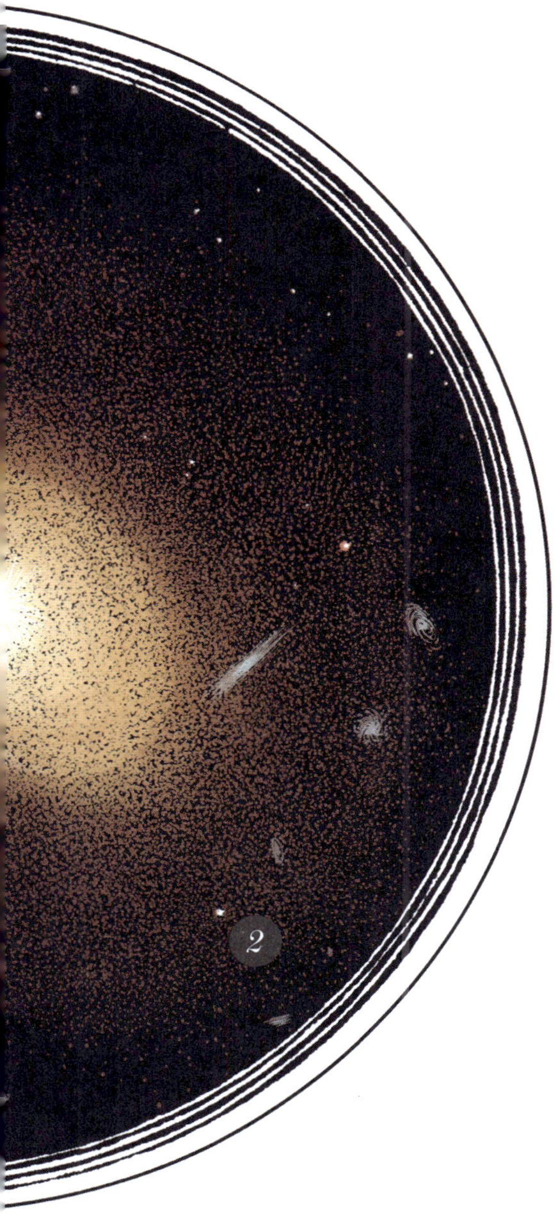

Die Irregulären Galaxien schließlich haben keine regelmäßige Form oder Struktur. Sie enthalten viel Gas und Staub – ideale Bedingungen für die Bildung strahlender, neuer Sterne.

Astronomen erforschen bis heute, wie die Galaxien in der Frühgeschichte des Universums entstanden sind. Man vermutet, dass Spiralgalaxien sich aus riesigen Gaswolken formten, die sich sehr schnell drehten, während Elliptische Galaxien aus langsamer drehenden Wolken entstanden, die schneller Sterne bildeten. Irreguläre Galaxien sind wahrscheinlich das Ergebnis einer Kollision von Galaxien oder starker Gravitationskräfte, die reguläre Galaxien verformten. Dank modernster Teleskope, mit denen wir Galaxien in Milliarden Lichtjahren Entfernung untersuchen, können wir einen Blick in die Zeit ihrer Entstehung werfen.

Bildlegende

1: **Spiralgalaxie**
Messier 83 (M83) ist eine Spiralgalaxie in der Nähe des Sternbilds Wasserschlange. Sie erstreckt sich über 40 000 Lichtjahre und ist damit dreimal so klein wie unsere Milchstraße. Neue Generationen von Sternen entstehen in großen Haufen an den Innenkanten der Spiralarme.

2: **Elliptische Galaxie**
Diese riesige Elliptische Galaxie (genannt ESO 325-G004) liegt über 450 Millionen Lichtjahre entfernt beim Sternbild Zentaur. Sie hat 100 Milliarden mal mehr Masse als unserer Sonne.

3: **Irreguläre Galaxie**
NGC 4449 ist eine fast 12,5 Millionen Lichtjahre entfernte Irreguläre Galaxie mit einem Durchmesser von rund 20 000 Lichtjahren. Sie ist ein Ort reger Sternproduktion, darunter viele neue Riesensterne, die blaues und ultraviolettes Licht ausstrahlen.

Die Milchstraße

Unsere Heimatgalaxie Milchstraße, die sich als milchig weißer Streifen über den Himmel erstreckt, ist eine Spiralgalaxie. Die Erde liegt etwa 26 000 Lichtjahre vom Galaxiezentrum entfernt im äußeren Bereich. Von dieser Position aus ist es schwierig, sich einen Gesamtüberblick über die Form der Galaxie zu verschaffen, zumal ein dichter Haufen aus Sternen, Gas und Staub den Blick einschränkt. Etwa so, als stünde man inmitten eines Waldes und versuchte, seine Ausmaße zu erkennen. Dank Infrarot-Teleskopen sind wir aber heutzutage in der Lage, die Staubwolken zu durchdringen und die Milchstraße zu erforschen.

Wie andere Spiralgalaxien ähnelt die Milchstraße in ihrer Form zwei an der Rückseite aneinandergelegten Spiegeleiern: Die Eidotter bilden den zentralen Bulge der Galaxie, das Eiweiß die Scheibe. Die flache Scheibe hat einen Durchmesser von etwa 100 000 Lichtjahren und enthält mindestens 200 Milliarden Sterne, die alle um das Galaxiezentrum kreisen. Die Milchstraße dreht sich wie ein Strudel aus Sternen und vollendet alle 220 Millionen Jahre eine Umdrehung.

In dieser Drehbewegung erreichen die Sterne am äußeren Rand unvorstellbare Geschwindigkeiten von fast 800 000 km/h. Trotzdem werden sie nicht aus der Galaxie hinausgeschleudert, was erwartbar wäre, sondern bleiben unverändert an ihrer Position am Ende der Spiralarme. Dieses Phänomen, das alle Spiralgalaxien teilen, gibt der Wissenschaft große Rätsel auf. Man vermutet, dass die Sterne dank sogenannter Dunkler Materie an ihrem Platz bleiben: große Mengen unsichtbarer Masse, die wie ein „Kleber" die Galaxie zusammenhält und ihre Form stabilisiert. Wir wissen bislang nur sehr wenig über Dunkle Materie, da sie keinerlei elektromagnetische Strahlung aussendet und daher kaum aufspürbar ist. Aber es ist bekannt, dass sie auf benachbarte Objekte eine starke Gravitationswirkung ausübt – eine Kraft, die Sterne am Rand der Galaxie an ihrem Platz halten könnte. Diese Wirkung hat Forscher überhaupt erst die Existenz Dunkler Materie vermuten lassen.

Bildlegende

1: **Die Milchstraße von der Seite**

a) Bulge: Man vermutet ein extrem massereiches Schwarzes Loch (mit 4 Millionen-facher Sonnenmasse) im Zentrum des Bulge.

b) Scheibe: der flache Teil

c) Halo: eine unsichtbare Hülle aus Dunkler Materie um die Scheibe

2: **Die Milchstraße von oben**

a) Bulge

b) Scheibe

c) Halo

d) Spiralarm: Die Milchstraße hat vier Haupt-Spiralarme aus Gas, Staub und Sternfabriken. Unser Sonnensystem liegt in einem kleineren Spiralarm namens Orionnebel.

1
1a
1b
1c
2
2a
2b
2c
2d

Kosmische Kollisionen

Die meisten Galaxien befinden sich relativ nahe an ihren Nachbargalaxien – sie werden durch ihre gegenseitige Gravitationskraft angezogen. Manchmal kommen sie sich so nahe, dass sie in einem spektakulären Aufprall ineinanderkrachen. Astronomen haben viele solcher weit entfernter Kollisionen beobachtet. Auch unsere Milchstraße befindet sich auf Kollisionskurs und wird in einigen Milliarden Jahren mit ihrem Nachbarn zusammenstoßen.

Was passiert, wenn zwei Galaxien kollidieren? Wenn eine kleine Galaxie einer Riesengalaxie zu nahe kommt, verliert sie ihre Sterne und ihr Gas und wird letztlich von der großen Galaxie verschluckt. Die Kollision zweier Riesengalaxien mit Strukturen von Hunderten und Tausenden Lichtjahren Durchmesser, die Milliarden von Sternen enthalten, verläuft weit dramatischer. Nach einem Zusammenstoß sind sie unabänderlich miteinander verbunden und bilden gemeinsam ein Masseäquivalent von 100 Billionen Sonnen, die sich über viele Millionen Jahre vermischen.

Der große Raum zwischen Sternen macht es unwahrscheinlich, dass zwei von ihnen zusammentreffen, wenn ihre Galaxien kollidieren. Viel wahrscheinlicher werden die großen Gaswolken der Galaxien zusammengepresst, was zu millionenfacher Sternbildung führt. Während dieser Vermischung können große Sternströme von ihrem Platz gerissen werden und Brücken zu Nachbargalaxien formen. Bei manchen Frontalkollisionen kann es passieren, dass die massereichen Schwarzen Löcher in den Galaxiezentren zu einem gigantischen Schwarzen Loch verschmelzen. Astronomen vermuten, dass die meisten Galaxien mehrere Kollisionen erleben und dass diese wuchtigen Ereignisse ihre Struktur und Entwicklung drastisch und dauerhaft verändern.

Bildlegende

1: **Galaxienpaar Arp 273**
Das Galaxienpaar Arp 273 besteht aus zwei kollidierenden Spiralgalaxien, die sich ineinandergefügt haben und nun wie eine enorme Rosenblüte wirken. Die hellen Kerne der beiden Galaxien sind noch über 100 000 Lichtjahre voneinander entfernt. Durch ihren Zusammenstoß wurden aus beiden Galaxien große Mengen an Materie herausgezogen, die nun lang gezogene, gekrümmte Gas- und Staubschweife bildet, die sich von den äußeren Galaxie-Regionen wegstrecken.

1

Galaxienhaufen

Galaxien werden durch ihre starken Gravitationskräfte automatisch voneinander angezogen, sodass sie gewöhnlich in Gruppen zusammenstehen, die man Haufen nennt: kleine Gruppen von nur einem Dutzend Galaxien oder gewaltige Ansammlungen Tausender Galaxien mit Billionen Sternen, die sich über Millionen von Lichtjahren erstrecken.

Wir wissen, dass Galaxienhaufen durch Gravitation zusammengehalten werden und dass die Gravitationskraft größerer Objekte stärker ist als die von kleineren. Wir können sogar die Masse eines Objekts anhand seiner Gravitationskraft ermitteln. Dieses Wissen wirft im Fall der Galaxienhaufen Rätsel auf: Sie müssen eine ungeheuer große Masse besitzen, damit ihre Gravitationskraft sie zusammenhält, sonst würden einzelne Galaxien wegdriften und die Haufen sich auflösen. Wenn wir aber die gesamte messbare Masse eines Galaxienhaufens zusammenrechnen (Sterne, Planeten, Staubwolken), erreicht die Summe nicht annährend die Masse, die für die Gravitationskraft nötig wäre, deren Wirkung wir hier sehen. Es muss also etwas geben, das die fehlende Masse ergänzt: die geheimnisvolle Dunkle Materie. Astronomen vermuten, dass sie aus unglaublich winzigen Teilchen bestehen könnte, jedes kleiner als ein Atom, die kaum mit anderer Materie interagieren. Immerhin 85 Prozent der Masse eines durchschnittlichen Galaxienhaufens könnten in dieser Dunklen Materie verborgen sein – und damit ein Großteil der Gravitationskraft, die ihn zusammenhält.

Obwohl Galaxienhaufen unvorstellbar groß sind, handelt es sich nicht um die größten Strukturen im All: Supergalaxienhaufen – durch Gravitation zusammengehaltene Anhäufungen mehrerer Galaxienhaufen – erstrecken sich wie ein riesiges Spinnennetz durch den Weltraum und verbinden entfernte Winkel des Universums miteinander. Sie müssen direkt nach dem Urknall entstanden sein, und ihre Strukturen ändern sich seither äußerst langsam. Deshalb können wir durch die Untersuchung ihrer Eigenschaften einen Blick in die Frühphase des Universums werfen und möglicherweise besser verstehen, wie sich das Universum entwickelt hat.

Bildlegende

1: **Galaxienhaufen**
CL 0024+17 ist ein rund fünf Milliarden Lichtjahre entfernter Galaxienhaufen. Dank detaillierter Aufnahmen des Hubble-Weltraumteleskops konnten Astronomen Verteilung und Form dieser Galaxien genau untersuchen. Sie erforschten auch, wie dieser Galaxienhaufen das Licht von noch weiter entfernten, hinter ihm liegenden Galaxien krümmt und verzerrt. Auf Basis all dieser Informationen war es möglich, eine Karte zu erstellen, die zeigt, wie Dunkle Materie um CL 0024+17 verteilt ist. Die vermutete Dunkle Materie ist als bläuliche Region um die Galaxien dargestellt. Die angenommene Ringform könnte von der Kollision zweier riesiger Galaxienhaufen herrühren.

1

Saal 7

Das Universum

Das Universum

Das Universum umfasst alles, was existiert: alle Zeit, Energie und Materie im Weltraum, vom winzigsten Asteroiden zu den größten Galaxien. Das Wissenschaftsgebiet der Kosmologie beschäftigt sich mit den grundlegenden Fragen zum Universum: Wie begann es? Wie wird es enden? Gibt es noch weitere Universen hinter unserem? Für die Beantwortung erstellen Forscher Modelle zu ihren Theorien, die Phänomene darstellen und vorhersagen, die wir nicht beobachten können, zum Beispiel die Entstehung des Universums. Die Modelle werden anhand von Ergebnissen aus der Beobachtung von Sternen und Galaxien verglichen und überprüft. Mit unserem wachsenden Wissen werden ältere verworfen und neue erstellt, die plausibler erscheinen.

Während der letzten 2 000 Jahre gab es drei Hauptphasen im Verständnis des Universums. Die erste datieren wir auf etwa 360 v. Chr., als die griechischen Philosophen Platon und Aristoteles ein geozentrisches Bild des Universums entwarfen. „Geo" ist das griechische Wort für Erde, und so stellte dieses Modell die Erde ins Zentrum des Alls, umkreist von der Sonne, den Planeten und Sternen. Dieses im 2. Jh. n. Chr. durch Ptolemäus ausgearbeitete Weltbild war allgemein anerkannt, bis im 16. Jahrhundert die mathematischen Theorien von Kopernikus, gefolgt von Isaac Newtons Gravitationsgesetz zur Erkenntnis führten, dass die Sonne im Zentrum des Universums steht. Dieses Modell wird heliozentrisches Weltbild genannt, nach dem griechischen Wort „helios" für Sonne. Auf das Sonnensystem traf es zu, aber es reichte nicht aus, um das weitere Universum zu erfassen.

Die dritte kosmologische Revolution begann 1915, als Albert Einstein seine Allgemeine Relativitätstheorie veröffentlichte. Er arbeitete heraus, dass massereiche Objekte wie Sterne und Galaxien den Raum um sich herum krümmen – so wie ein schwerer Erwachsener das Netz eines Trampolins senkt. Auf Basis von Einsteins Theorie gelangte der belgische Physiker Georges Lemaître zu dem Schluss, dass das Universum sich in alle Richtungen ausbreitet. Er hatte keine Daten, um seine Theorie zu überprüfen. Aber inzwischen hatte Edwin Hubble 1929 vom Mount-Wilson-Obervatorium in Kalifornien aus beobachtet, dass sich Galaxien schnell voneinander weg bewegen. Lemaître sah Hubbles Beobachtungen als Beweis für seine „Urknalltheorie", wie man sie heute nennt: die Vorstellung, dass das Universum vor 14 Milliarden Jahren begann, kein Zentrum besitzt und sich seit seiner Entstehung stetig entwickelt und verändert.

Bildlegende

1: **Das beobachtbare Universum**

Das Universum ist so groß, dass Teile von ihm noch immer nicht sichtbar für uns sind, da seine Lichtsignale uns noch nicht erreichen konnten. Den Teil, den wir beobachten können, nennen wir „Beobachtbares Universum". Wir können es uns als Blase rund um unseren Planeten vorstellen, die von Jahr zu Jahr größer wird, da weiter entferntes Licht uns erreicht. Die Abbildung zeigt das beobachtbare Universum mit der Erde im Zentrum, umgeben von Galaxien und Sternen.

1

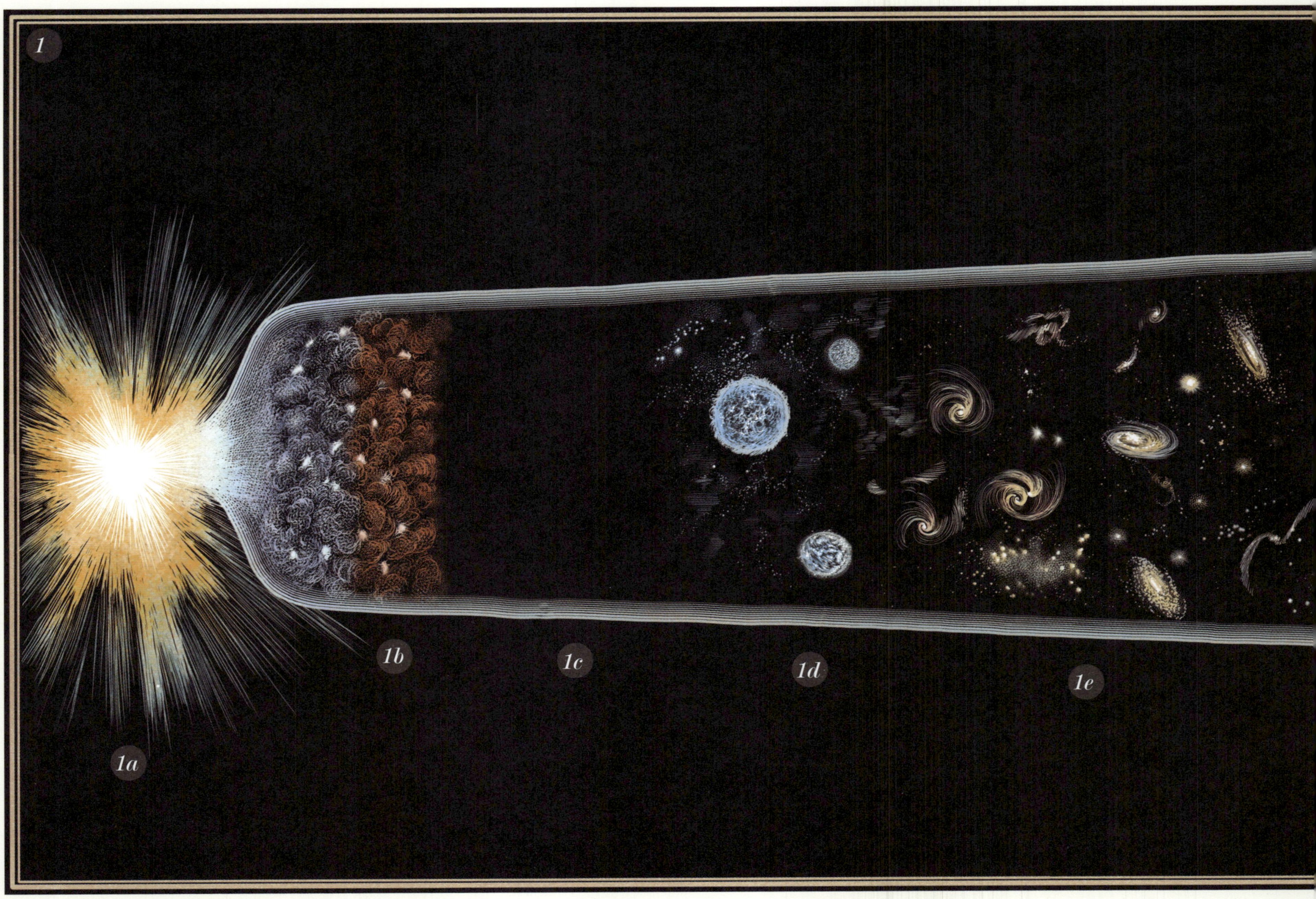

DAS UNIVERSUM

Der Urknall

Die meisten Astronomen gehen heute davon aus, dass das Universum in einem Urknall vor 13,8 Milliarden Jahren entstand. Zu diesem Zeitpunkt war das gesamte Universum in einer unvorstellbar kleinen Blase enthalten – tausendmal kleiner als der Punkt am Ende dieses Satzes. Von einem Moment auf den anderen löste der Urknall ein schnelles Aufblähen dieser Blase aus: Energie und Materie wurden in alle Richtungen geschleudert. Seither dehnt sich der Weltraum weiter aus und Materie wird immer weiter weg vom Ausgangspunkt – Zeit und Ort des Urknalls – getragen.

Im Bruchteil einer Sekunde nach dem Urknall hatte sich das Universum bereits 90 mal in der Größe verdoppelt und war jetzt groß wie ein Golfball mit Temperaturen über 10 Billionen °C. In den nächsten drei Minuten expandierte es weiter und kühlte auf 1 Milliarde °C ab. Die Abkühlung ermöglichte die Fusion von Protonen und Neutronen zu den leichtesten Elementen, die wir kennen: Wasserstoff und Helium sowie eine kleine Menge Lithium. Schwerere Elemente wie Kohlenstoff, Sauerstoff und Silizium wurden viel später in Sternen gebildet.

Während der nächsten 380 000 Jahre war das Universum immer noch zu heiß, als dass Licht von ihm abstrahlen konnte. In diesen dunklen Zeiten waren die Photonen (Lichtteilchen) im Inneren des ultraheißen „Nebels" des Universums gefangen. Sie

prallten unaufhörlich an dicht gedrängten Teilchen wie Protonen und Elektronen ab, konnten aber nicht aus dem Nebel hinaus und deshalb nicht leuchten.

Als das Universum etwa 380 000 Jahre alt und die Temperatur auf 3 000 °C gesunken war, konnten Elektronen in einer Umlaufbahn um Kerne (Nuclei) festgehalten werden: die ersten Atome bildeten sich. Als immer mehr Elektronen in Atomen gebunden waren, konnte das Licht schließlich entkommen. Heute können wir es in Form kosmischer Mikrowellenhintergrundstrahlung messen. Es ist das älteste Licht, das wir im Universum „sehen" können. Weitere 300 bis 500 Millionen Jahre nach dem ersten Lichtschein kollabierten Zusammenballungen von Gas und wurden von Schwerkraft zusammengedrückt: die Geburtsstunde der ersten Sterne und Galaxien.

Bildlegende

1: **Die Entwicklung des Universums**

a) Der Urknall: Vor rund 13,8 Milliarden Jahren beginnt die Ausdehnung des Universums.

b) Hochenergetische Reaktionen: Das frühe Universum ist eine „Suppe" aus Hitze und Strahlung, heute messbar als kosmische Mikrowellenhintergrundstrahlung.

c) Die dunkle Zeit des Universums: Die ersten Atome bilden sich, aber es gibt noch keine Sterne – das Universum ist total dunkel.

d) Erste Sterne: Rund 200 Millionen Jahre nach dem Urknal bilden sich die ersten Sterne.

e) Erste Galaxien: Rund 1 Milliarde Jahre nach dem Urknall bilden sich allererste große Galaxien.

f) Beschleunigung: Die Ausdehnung des Universums beginnt, sich durch eine geheimnisvolle Komponente, die Dunkle Materie, stark zu beschleunigen.

g) Das Sonnensystem: Rund 9 Milliarden Jahre nach dem Urknall formt sich unsere Sonne. Die übrige Materie sammelt sich und bildet die Planeten unseres Sonnensystems, inklusive der Erde.

Die Ausdehnung des Universums

Seit Edwin Hubbles Entdeckung, dass sich Galaxien voneinander entfernen, wissen Astronomen, dass sich das Universum seit dem Urknall ausdehnt. Jetzt stellt sich die Frage, wie schnell es sich ausdehnt und ob diese Expansion für immer andauern wird. Wenn sie beantwortet ist, wird die Wissenschaft möglicherweise Aussagen darüber treffen können, wie das Universum enden wird.

Mitte der 1990er Jahre begannen Astrophysiker mit exakten Messungen des Tempos, in dem sich das Universum ausdehnt. Sie bestimmten die Entfernung zwischen zwei Supernovae des Typs 1a, die besonders hell und gleichförmig sind – und damit ideale Markierungspunkte im All. Ihre Vermutung war, dass ihre Ergebnisse eine Verlangsamung der Ausdehnung des Universums zeigen würden, das von seiner eigenen Gravitation mit zunehmendem Alter zurückgezogen würde. Stattdessen stellten sie fest, dass die Supernovae blasser und weiter weg waren als erwartet. Statt sich zu verlangsamen, expandiert das Universum mit wachsender Geschwindigkeit.

Diese Entdeckung legt nahe, dass es eine Kraft geben muss, die gegen die Gravitation arbeitet und das Universum auseinanderdrückt. Wissenschaftler nennen sie „Dunkle Energie“. Niemand weiß genau, was sich hinter dieser geheimnisvollen Kraft verbirgt, aber es muss eine Menge davon geben, wenn sie das Universum so stark beschleunigen kann. Physiker gehen mittlerweile davon aus, dass gewöhnliche Materie wie Planeten, Sterne und Galaxien nur 4 Prozent der Masse des Universums ausmachen. Weitere 22 Prozent sind Dunkle Materie (siehe S. 76 und 80). Es bleiben erstaunliche 74 Prozent, von denen man annimmt, dass sie von Dunkler Energie gebildet werden.

Bildlegende

1: **Ausdehnung des Universums**
Man spürt es auf der Erde nicht, aber das Universum wächst stetig, jedes Jahr in größerem Umfang. Diese Ausdehnung hat keine großen Auswirkungen auf den Raum zwischen den Planeten unseres Sonnensystems, aber in ferner Zukunft werden alle Galaxien, die wir heute durch unsere Teleskope beobachten können, durch die Ausdehnung des Weltraums aus unserer Sichtweite driften. Wissenschaftler schätzen die aktuelle Beschleunigung oder Ausdehnungsrate des Universums auf rund 70 km pro Sekunde für alle 3 Millionen Lichtjahre.

Das Ende des Universums

Niemand kann das Schicksal des Universums mit Sicherheit vorhersagen. In vielen Milliarden oder Billionen Jahren wird es vielleicht auseinandergerissen oder zu einem Nichts zusammengeschrumpft werden – oder es bleibt bestehen, wie es ist. Das hängt davon ab, wie viel gewöhnliche und Dunkle Materie es enthält und wie sich die Dunkle Energie verhält, die der Schwerkraft entgegenwirkt.

Alle möglichen Szenarien für das Ende des Universums basieren auf einer Annahme darüber, wie die Ausdehnung des Universums verlaufen wird. Alle gehen davon aus, dass Dunkle Energie ihr Verhalten möglicherweise ändert, obwohl wir nicht wissen, warum das passieren sollte. Ein Szenario nimmt an, dass Dunkle Energie eines Tages aufhören wird, gegen die Gravitation zu arbeiten. Wenn das passiert und das Universum genug Materie enthält, könnte es aufhören, sich auszudehnen, und sogar beginnen, sich zusammenzuziehen. In einer Gegenbewegung zum Urknall (engl. „Big Bang") könnte es einen „Big Crunch" geben: Der gesamte Inhalt des Universums würde sich in Hundert Milliarden Jahren wieder zu einem winzigen Punkt zusammendrücken.

Es ist auch möglich, dass Dunkle Energie so stark wird, dass sie alle Naturgewalten, auch die Schwerkraft, überwältigen wird. Dann würde sich die Ausdehnung des Universums weiter beschleunigen, weil ihr keine Kraft mehr entgegenwirkt. Dieses Ende ist bekannt als „Big Rip" – das große Zerreißen – und würde alle Galaxien, Sterne, Planeten und alles Leben auseinanderreißen. Sogar Atome würden schließlich zerstört.

Oder aber das Universum expandiert gleichmäßig weiter, die Dunkle Energie ändert ihr Verhalten nicht und die Entfernung zwischen den Galaxien wächst, bis sie so weit voneinander entfernt sind, dass sie nicht mehr zu sehen sind. In diesem einsamen und dunklen Universum würde die Temperatur Billionen Jahre in der Zukunft auf das geringstmögliche Niveau fallen und das Universum zu kalt für jegliches Leben sein. Daher heißt dieses Szenario „Big Chill": Übrig blieben ausgebrannte Sternkörper, gefrorene Planeten und Schwarze Löcher.

Wie und ob das Universum enden wird, ist nur eines seiner Geheimnisse. Obwohl wir unser Wissen ständig erweitern, gibt es noch unendlich mehr zu lernen und zu entdecken. Bisher haben wir kaum an der Oberfläche des Weltraums gekratzt ...

Bildlegende

1: **Das „Big Rip"-Szenario**
Das „Big Rip" genannte Szenario geht von einer so schnellen Ausdehnung des Universums aus, dass es sich selbst auseinanderreißt. Galaxien, Sterne und Planeten würden in zahllose Teile gerissen. Nach der Zerstörung aller physikalischen Objekte (zusammengehalten durch Schwerkraft) würde die Kraft der Dunklen Energie Objekte wie Moleküle, Atome und sogar subatomare Teilchen zerstören, die durch andere Kräfte zusammengehalten werden. Das ist nur ein mögliches Szenario des Endes unseres Universums – und glücklicherweise würde es nicht vor mindestens 100 Milliarden Jahren eintreten.

Bibliothek

Stichwortverzeichnis
Kuratoren
Zum Weiterlesen

Stichwortverzeichnis

Kuratoren

Chris Wormell hat sich als Autodidakt das Zeichnen selbst beigebracht. Für seine zeitlosen Illustrationen verwendet er verschiedene Techniken: Holz- und Linolschnitt sowie digitale Gravur am Computer und Tablet.
Er ist Autor und Illustrator vieler Kinderbücher und hat zuletzt große Aufmerksamkeit für die Umschlaggestaltung des Bestsellers *H wie Habicht* von Helen MacDonald erhalten. Bei Prestel Junior ist bereits *Das Museum der Dinosaurier* mit seinen Zeichnungen erschienen.

Raman Prinja ist Professor für Astrophysik am University College London (UCL). Seine Spezialgebiete sind massereiche Sterne, Sternentstehung und Galaxienevolution. Für seine Lehre am UCL wurde er mehrfach ausgezeichnet. Es ist ihm ein großes Anliegen, das Fachgebiet der Astronomie einem breiten Publikum näher zu bringen.

Zum Weiterlesen

Deutsches Zentrum für Luft- und Raumfahrt
Hier findest du Neuigkeiten aus der deutschen Forschung zu Luft- und Raumfahrt.
www.dlr.de

European Space Agency (ESA)
Europas Tor zum Weltraum. Aktuelles zu Raumfahrt und Weltraumforschung. Besonders für Kinder geeignet: der ESA-Kids-Bereich.
www.esa.int

GEOlino
Auf der Internetseite des Erlebnismagazins für Kinder erlebst du in der Rubrik „Forschung und Technik“ Weltraumabenteuer und testest dein Wissen.
https://www.geo.de/geolino

Googlesky
Hier kannst du sehen, was am Nachthimmel los ist, und dir die Oberflächen von Mond und Mars anschauen.
www.google.com/sky

Hubblesite
Diese Seite zeigt dir, was das Weltraumteleskop Hubble gerade beobachtet.
www.hubblesite.org

National Aeronautics and Space Administration (NASA)
Die englischsprachige NASA-Seite mit ihrem umfangreichen Bild- und Filmmaterial ist einen Besuch wert.
www.nasa.gov

NASA Astronomy Picture of the Day
Hier findest du immer das aktuelle Weltraumfoto des Tages.
www.apod.nasa.gov

Simply Science
Diese Schweizer Website bietet für Kids im Bereich Wissen Artikel, Bilder und Videos zum Thema Sterne und Weltraum.
www.simplyscience.ch